轻松育儿，

做不焦虑的妈妈

云朵 著

当代中国出版社
Contemporary China Publishing House

图书在版编目（CIP）数据

轻松育儿，做不焦虑的妈妈 / 云朵著 . -- 北京：
当代中国出版社，2022.9
ISBN 978-7-5154-1170-5

Ⅰ.①轻… Ⅱ.①云… Ⅲ.①婴幼儿—哺育 Ⅳ.
① TS976.31

中国版本图书馆 CIP 数据核字（2022）第 024585 号

出 版 人　冀祥德
责任编辑　陈　莎
策划支持　华夏智库·张　杰
责任校对　康　莹
出版统筹　周海霞
封面设计　尚世视觉
出版发行　当代中国出版社
地　　址　北京市地安门西大街旌勇里 8 号
网　　址　http://www.ddzg.net　邮箱：ddzgcbs@sina.com
邮政编码　100009
编 辑 部　（010）66572264　66572154　66572132　66572180
市 场 部　（010）66572281　66572161　66572157　83221785
印　　刷　三河市长城印刷有限公司
开　　本　710 毫米 × 1000 毫米　1/16
印　　张　14 印张　180 千字
版　　次　2022 年 9 月第 1 版
印　　次　2022 年 9 月第 1 次印刷
定　　价　58.00 元

前　言

　　教育孩子的过程，是理论结合实践的过程，是不断解决问题的过程，也是家长和孩子一起成长的过程。

　　事实上，即使学过再多的育儿知识，家长在跟孩子相处的时候依然会遇到各种难题。每个孩子的性格不同，所面临的问题也不同。那么父母应该采取什么样的具体措施教育孩子呢？这是教育的难点，也是教育的艺术所在。

　　我是一个"懒散"的妈妈，不愿意在孩子的教育问题上花太多时间和心思，闲暇之余，我更愿意选择自己去学习成长，去享受生活的美好。这种想法促使我不断地思考和总结，最终得出一套育儿的底层思维，一套轻松育儿的方法。

　　我女儿今年 13 周岁，在本地重点中学上初二，成绩排名年级前三，各科发展比较均衡。从上小学一年级开始，作业都是她独立完成并自己检查的，我几乎没管过她的作业。

　　除了基本科目外，美术（美术老师经常建议她报考清华美院，说她是个不可多得的美术人才）、音乐（她不但唱歌好听，还可以给出专业的点评，我经常开玩笑说她适合做音乐比赛的评委）她也非常擅长。

　　她非常喜欢阅读，已经读过上千本书，内容涉及文学、科幻、历史、地理、礼仪、励志、理财、心灵成长等多个方面。对于她来说，读书并不是任务和负担，而是一种放松和"充电"，她甚至将书称作自己的"食物"。

　　她喜欢挑战难题，挑战自我。升入初中后，年级排名从第六名一直往前冲，不断地突破自我，最好的成绩是年级第一。

她性格开朗，表达能力强，幽默风趣，经常逗得全家哈哈大笑；她对自己有清晰的认知，自信但不自满，即使遭遇挫折，也能很快调整好状态，不会因为别人的恶意评价而否定自己。

她与同学关系融洽，喜欢帮助同学，她曾帮一个成绩落后的同学在班级排名中进步到了前十，让这位同学少了逆反心理，跟家长的关系也和谐了很多，更懂得理解家长了。

她出生时，我对她的成长曾有一些设想，希望她能拥有我的优点，避免学习或遗传到我的缺点。如今的她，远超我当初的设想。

看到我在看她，她还会跟我开玩笑说："妈妈我觉得你好像在看自己的作品。"没错，我在为自己的"作品"而骄傲，我相信，自己在教育上的探索是成功的，自己的付出是值得的！

在过去的十几年，我不仅教育好了孩子，还接受了上万名家长的咨询，并多次开设课程。学了我的育儿思维课后，很多家长都改变了与孩子相处的方式，不仅孩子的学习成绩得到了提高，亲子关系也更融洽，甚至连学校老师也成了我的学员之一。学生和老师们学习了我的教育理念之后，班级的平均成绩大大提高，全班同学的学习积极性和主动性也大大增加。

在本书中，我会将自己多年总结出来的轻松育儿思维，以及如何解决孩子具体问题的过程和经验，详细展示出来，希望能给大家以启发，让大家在教育孩子的路上能够更轻松、更淡定，充分享受和孩子一起成长的美好。

作者

2021 年 9 月

目 录

育儿理念篇

第九章　7—12岁性格、心理素质培养 / 124

学习篇

第十章　0—3岁的学习问题 / 142

育儿理念篇

第一章
掌握育儿思维，养孩子越来越轻松

第一节　良好的亲子关系，是教育的基础

有些家长在学校是优秀教师，在家却教育不好自己的孩子，为什么？

有些家长事业经营得不错，能轻松地管理好几百名员工，却管不好自己的孩子，原因何在？

主要原因就在于，他们太关注教育的内容，却忽略了对亲子关系的关注。他们把大量的时间和精力都用在了唠叨孩子、给孩子讲道理这些事情上，忽视了亲子关系的营造，导致孩子对他们不信任、不尊重。当孩子产生逆反情绪时，就会反击："我知道你说得对，但我就是不想听你的。"

所以，良好的亲子关系，是教育的基础，是最需要引起家长重视的。如果孩子认可你，尊重你，发自内心地信任你，你都不用花费太多力气，孩子就能成长得很好。

亲子关系不和谐，即使孩子学习再好，能力再强，在未来的某一天也有可能跟父母反目成仇或远离父母，而这正是为人父母者最不愿意看到的。

　　不重视亲子关系，把大量的时间花在唠叨、讲道理上，忙着抓细节，忽视了大方向，显然是本末倒置，自然也就无法取得较好的教育效果。

　　在孩子上小学之前，多数家庭的亲子关系表面上看起来不错；随着年龄的增长，孩子升入小学之后，亲子矛盾就会越来越突出，家长会觉得孩子越来越难管，而孩子也会觉得家长越来越不可理喻，越来越不想跟家长沟通。

　　在教育孩子的过程中，我采用了不同于他人的方式。多数家长都是批评、唠叨孩子，而我非常注重维护亲子关系，因此随着孩子年龄的增长，我的教育越来越轻松。

一、维护良好的亲子关系，如何做

　　在你很小的时候，期待自己的父母是怎样的人？

　　希望父母可以看到我们的优点，可以包容我们的缺点；

　　希望父母可以给我们建议，又能赋予我们自己选择的权力；

　　希望父母不管我们成绩好不好，长得好不好看，都能始终如一地爱我们；

　　希望自己取得了好成绩，父母能与我们一起开心地庆祝；

　　希望遇到自己解决不了的困难，能够得到父母的帮助；

　　希望每当想起"父母"这个词，我们会觉得这是世上最温暖的存在。

　　我们喜欢这种父母，孩子们也喜欢这种父母，如果能做到这些，即使孩子学习成绩不尽如人意也能健康成长。那么，具体应该如何做呢？

　　第一，当孩子表现好的时候，可以跟孩子说：

　　我真为你骄傲！

　　你怎么那么优秀呢！

无论做什么，你都能做得很好！

你比我小时候强太多了！

第二，当孩子表现不好、做错事的时候，我们可以跟孩子说：

没关系，爸爸妈妈对你的爱永远不会变。

你只是这件事情做得不合适，丝毫不会影响我们对你的爱，你永远是我们最爱的孩子。

第三，当孩子的选择与你的期待不一致，比如，选了你不看好的专业，找了你不喜欢的恋爱对象等，我们可以说：

我的建议是……不过最终决定权在你手里，你可以自己作决定，并为自己的选择负责，我相信你！

我永远支持你！如果需要爸爸妈妈帮忙，我们都很乐意帮助你！

第四，当孩子长大了，没有找到理想的工作、收入没有同龄孩子高的时候，我们可以说：

没关系，我们不求你大富大贵，只要你健康、平安、开心，我们就放心了……

相信，拥有这种父母，是每个孩子的希望和骄傲！

二、维护良好的亲子关系，哪些话千万不能说

下面这些话，只要一说出口，就会破坏亲子关系。因此，在跟孩子沟通的过程中，要尽量避免说出口。

你再这样不乖、不听话，我就不要你（或不喜欢）你了！

哭、哭、哭，就知道哭，你还有脸哭！

你看看你，再看看人家×××！

小小年纪就说谎（或偷钱或打架）等，不学好，长大了还了得！

我就不信我治不了你！

考这点儿分数，你还有脸回家？

我真后悔生出你这种孩子。

学习不好，情商又低，我都没发现你有什么优点！

整天搞这些没用的，你就不能把心思用在学习上吗？

你真是个没良心的，我供你吃、供你喝、给你钱花，你翅膀硬了，就不听话了。

你怎么笨得跟猪一样，这么简单的题也不会做！

你小时候还挺可爱的，现在越来越让人讨厌了！

你跟你爸爸（或妈妈）一个德性，怎么不像我一点儿！

整天跟一帮不上进的孩子玩，不能学学好吗？

你个小屁孩懂什么？

你上次说了下次改正，可你这次还犯，我再也不相信你了！

现在不好好学习，考不上大学，以后要饭都没人理你！

类似这种话还有很多。这些话的共同特点是不尊重孩子，贬低孩子，

打击孩子的自信，伤害孩子的自尊心和人格，只会让孩子产生自卑、自我怀疑和羞愧感。即使家长说的是气话，孩子却会当真。因此，在教育孩子的过程中，尽量不要说这些话，否则会像刀子一样，伤害孩子的心，严重的还会破坏亲子关系！

三、维护亲子关系，不要走极端

亲子关系就是孩子与父母的关系。即使父母平时和孩子能够像朋友一样相处，那也不是真正意义上的朋友。父母是孩子的监护人，在孩子的成长过程中，有对他们监督和教育的责任；父母跟孩子的人格是平等的，父母不是孩子的保姆，父母的存在，也不只是为孩子提供服务。

现实生活中，有的父母总想跟孩子做朋友，因此孩子对他们毫无敬畏之心，甚至还会对父母说一些不太礼貌的话，父母也不太在意，还觉得跟孩子是朋友关系。

有的父母怕孩子生气、发脾气，会无原则地迁就孩子甚至讨好孩子。这使孩子自私、任性、唯我独尊，简直就是名副其实的"小皇帝"或"小公主"。

有这样两个案例：

案例1：

一个妈妈抚养着两个女儿，大女儿想上一所国际学校，学费一年几十万元。为了去这所学校，她让妈妈把房子卖了，完全不顾妈妈和妹妹的生活。妈妈这才意识到，正是自己没有原则地溺爱和纵容，才培养出了这样自私的孩子。

案例 2：

父母经常跟孩子说，爸爸妈妈赚的钱及家里所有的一切都是你的，你以后不用努力，就能过得很舒服。后来，他们生了二胎，老大就视老二为"仇人"，觉得老二抢了本属于他一个人的"财产"……

无知的溺爱，对孩子也是一种伤害，会造成难以想象的"恶果"。

良好的亲子关系，应该是父母和子女互相尊重、互相关心、彼此温暖、一起成长。

第二节　抓住大方向，教育孩子就不会跑偏

我接触的家长以"80后"和"90后"为主，都是家庭教育的主力军。这两代人与上一辈（"50后""60后""70后"）的父母相比，接受了更高的文化教育，接触到更多的互联网信息，自认为比上一代的思维观念更先进。不过，他们做家长的心态，比自己的父辈更纠结和焦虑。

一方面，在自己的成长过程中，他们并没有系统地接受过科学的家庭教育，背负着原生家庭的影响，甚至很多人从小就在批评、指责、打击、非打即骂的环境下长大，所以，他们都希望子女不再经历自己曾经经历过的痛苦，他们努力学习各种课程，将主要精力都放在孩子身上，生怕耽误了孩子的成长……同时，网络时代信息发达，青少年跳楼自杀、犯罪、青春期少女意外怀孕等极端例子频频出现在媒体上，更让他们对孩子的未来

充满担忧。

另一方面，网络上有很多育儿课程，他们认为有些专家说得确实有道理，但用到自己孩子身上，就没有作用了；不同的专家，说法似乎还不一致，有的甚至相互矛盾，读的书多了，了解得多了，在孩子的教育问题上，反而越来越迷茫。

以"80后""90后"为代表的多数家长，初心都是希望孩子健康快乐地成长，但他们面临的环境比以往任何时期都复杂，比如：

总想将自己不曾得到的爱给孩子，但具体操作时，总是遇到困难；

学习各类教育专家的理论，"眉毛胡子一把抓"，不能抓住本质举一反三，运用在自己孩子身上，总是遇到困难；

面对日益增加的竞争压力，无法保持轻松淡定的心态；

妈妈学了很多教育理论和亲子沟通技巧，知道要控制自己的情绪，但是，只要一看到孩子做作业拖拖拉拉，一看到别人家的孩子比自家孩子考得好、表现好，就会崩溃，就会忍不住对孩子发脾气，随后又后悔自责，但下一次依旧如此。

多年的研究告诉我，为了改变这种局面，真正做到无条件地爱孩子，就要抓住大方向，舍弃不太重要的内容。因为孩子各年龄段出现的很多问题都是暂时的，不会对未来产生重要影响，完全没必要过于担心，更不能跟孩子发脾气；家长教育孩子要抓大放小，确定孩子不同年龄阶段的大方向，并且紧抓不放，孩子才能健康成长。

那么，在孩子成长的过程中，应该抓住哪些大方向呢？下面就给大家大致介绍一下（具体操作，后面会有更详细的介绍）。

一、0—3 岁，家长需要把握的大方向

1. 孩子的语言发育

2. 孩子的运动发育，包括大动作、精细动作

3. 帮孩子建立安全感

4. 发现孩子的敏感期，给孩子以充分的支持

二、3—6 岁，家长需要把握的大方向

1. 继续巩固孩子的安全感，建立良好的亲子关系

2. 培养孩子的阅读习惯，以及独立阅读的能力

3. 帮助孩子适应幼儿园生活，培养他们的基本生活能力，比如，穿衣、吃饭、收拾物品等

4. 继续发现孩子的敏感期，给孩子以充分的支持

5. 帮助孩子了解基本的社会规则，比如，人际交往、安全知识等

6. 发现孩子的优点和特长，培养孩子的自信心

7. 保护孩子的好奇心和求知欲，让孩子对小学生活充满期待

三、小学阶段，家长需要把握的大方向

1. 巩固良好的亲子关系

2. 全方位观察孩子的优点，培养孩子的自信心

3. 增加孩子的课外阅读量

4. 培养孩子自己做作业、自己检查的能力

5. 防止孩子偏科，对孩子进行必学科目的科普工作，比如，历史、地理、生物、物理、化学等

6. 适当对孩子进行记忆力的强化

7. 抓住适当时机，对孩子进行性教育

8. 教孩子学会和同学合理地交往

9. 让孩子自己的事情自己做，承担部分家务

四、中学阶段，家长需要把握的大方向

1. 给予孩子自由选择的权利并尊重孩子的选择，多倾听孩子的意见，少评价孩子

2. 注重建立跟孩子的亲子关系，让孩子感觉到父母无条件地爱他（她）

3. 教孩子处理人际关系，正确看待青春期、早恋等问题

4. 对孩子的学习放手，让孩子进行自我管理，激发孩子的内驱力

在孩子成长的每个阶段，家长只要抓住这些大方向，了解孩子的成长情况，孩子就不会跑偏，家长也不会太焦虑，更不用过度担心孩子的未来。我们没必要做 100 分的父母，只要把握大方向，能做到 80 分，就已经很了不起了。

第三节　不做救火队员，未雨绸缪，培养孩子各方面的能力

看到我将孩子教育得这么好，把孩子培养得越来越优秀，很多家长都认为，我一定在孩子身上花费了很多时间和心思。事实恰恰相反，因为我比较懒，为了轻松育儿，才琢磨出了教育的底层逻辑，最终找到了育儿的轻松秘密。

其实，在孩子的教育上，我有一个小秘密，即未雨绸缪。现实中，有很多家长在孩子没出现问题的时候对孩子不闻不问，既不学习育儿知识，也不总结育儿经验，只有在发现孩子的问题比较严重时，才会开始紧张，

心急火燎，到处求助。在孩子的成长过程中，他们永远是"救火队员"，非常辛苦、非常累，却达不到效果。

在孩子的成长过程中，父母懂得未雨绸缪，就能提前做好准备，如：

备孕和孕期的时候，了解孩子0—3岁的生理和心理成长规律，包括语言发育规律、运动发育规律等；以及可能会出现哪些问题，如，可能会吃手、黏人、分离焦虑、爱问为什么等；

孩子3岁之前，想到孩子幼儿园时期可能会遇到哪些事，如，不想上幼儿园、没有时间概念、自主能力差等；

孩子上了幼儿园后，想到孩子小学可能会面临的问题，如，阅读、写字、自信、专注力、跟同学交往等；

孩子上小学后，提前想到孩子上中学会面临的困难，如，青春期、早恋、叛逆、学习偏科、不自信等；

孩子上中学后，提前想到孩子成年后需要培养的能力，如，赚钱、恋爱、职业选择等。

提前做好准备，提前预判孩子可能出现的一些动态，当这些问题出现时你就能从容应对，不但省时省力，还能事半功倍，取得良好的效果。

第四节　把握教育的原则：三分批评，七分赞美

在教育孩子的过程中，很多家长容易走极端：

要么学习老一辈的批评教育，整天盯着孩子的缺点不放，从来不肯定和表扬孩子。

要么非常在意孩子的感受，把孩子保护得非常好，生怕孩子受一点儿伤害，更不敢批评孩子，怕孩子接受不了。

科学的育儿教育应该适度，应该七分肯定、三分批评，表扬和批评兼而有之。

那么，如何表扬孩子，才会让孩子更加优秀？如何批评孩子，才不会伤害孩子幼小的心灵呢？

一、表扬孩子

孩子做了值得赞美的事情，及时给予鼓励和表扬，孩子就会感到很开心，下次更愿意去做。

只要家长愿意，表扬其实很简单。但需要注意的是，少说一些比较抽象的话，比如，"你真棒！""你真聪明。"在表扬孩子时，可以针对孩子的具体行为进行表扬，比如：

你帮妈妈扫地，妈妈很开心。

你看书很认真，懂得真多，妈妈真为你骄傲。

你观察真仔细，观察力真强，我都比不上呢！

口头表扬的同时，还可以配合手势和表情，如给孩子一个大大的拥抱，或给孩子点赞。只要父母坚持用这种方法表扬孩子，孩子多半都能越来越自信。

二、批评孩子

喜欢表扬是每个人的天性，不过如果孩子做错了事，批评也是必需的。

批评不会给孩子的心理造成伤害，不用杞人忧天。首先，批评确实会让孩子感到不开心、不舒服，但是孩子远没有你想得这么脆弱。如果担心孩子不开心就不舍得批评他（她），孩子的内心就会非常脆弱，经不起一点儿批评，不利于未来进入社会和进行人际交往。平时经常跟孩子表达爱，建立良好的亲子关系，同时讲究批评技巧，孩子就不会受到伤害，反而能磨炼他们坚强的意志。

科学的批评技巧，包括以下几个方面：

一是尊重孩子的人格，不侮辱孩子，不说"我再也不爱你了"。

孩子做错了事，不要辱骂孩子，不要侮辱孩子的人格，千万不要说：

你再这样，我就不爱你了。

我真后悔生了你。

你真够我丢脸。

你这种人，还活着干什么？

这些话，是对孩子的不尊重和对孩子人格的否定。家长可能说的是气话，但这种话会深深地伤害孩子幼小的心灵。

二是不翻旧账，就事论事，告诉孩子哪里错了，以后应该怎么做，积极地解决问题。

即使孩子做得不好，也不能将孩子以往的问题都翻出来，也不要沉浸在跟孩子生气的情绪中。那样的话，你即使直接将孩子骂一顿、打一顿，孩子也不知道自己究竟错哪儿了。要明确地告诉孩子哪里错了、以后应该如何做、当前应该如何弥补、如何解决问题，然后，迅速地从跟孩子生气的情绪中跳出来。

三是等孩子心情平静之后，表达对孩子的爱。

父母在非常生气的时候，不要教育孩子，等心情平静了再沟通；同时，要告诉孩子，爸爸妈妈批评你，只是因为你这件事做得不对，我们对你的爱永远不变。每次都坚持这样做，孩子的内心就会越来越强大。

四是平时注意情感铺垫。

开心的时候，多跟孩子表达类似观点，告诉他，爸爸妈妈永远爱你，即使是把你批评一顿、骂一顿，我们依然爱你。

第五节　学会给孩子贴正面标签，孩子会越来越优秀

在教育的过程中，99% 的家长都会给孩子贴标签，区别就在于有的家长是无意识地给孩子贴"不好"的标签，而有的家长是有意识地给孩子贴"好的"标签，我就是后者！给大家梳理一下我给女儿朵朵贴过的标签。

一、你动手能力很强

在我很小的时候，就被家长无意识地贴了"笨手笨脚"的标签，所以我非常重视培养朵朵的动手能力。朵朵小时候很喜欢做手工，比如，拼图、剪纸、橡皮泥、拼插、串珠子等，还买了材料自己做发卡。我经常告诉她，你动手能力非常强，不管做什么，都能做得非常好。同时，我也会给她提供各种动手的机会，比如，上小学的时候家里买的蚊帐、小桌子，以及各种需要看说明书安装的小家具，我都会让她来安装。

"笨手笨脚"的懒妈妈，就这样通过贴标签的方式，让孩子把动手能力变成了自己的优势。

二、你非常爱思考

朵朵 2 岁以后非常喜欢问问题，我总会借此拓展她的知识面，同时也跟她说："你真是个爱思考的孩子，具有学霸的潜质。"现在她已经上初二了，无论是学习还是生活，都很喜欢思考。

三、你说话很有趣，很有幽默感

朵朵 1 岁半以后喜欢自己编儿歌或笑话逗我们玩儿，我说她是一个说话有趣、有幽默感的小孩。她这项优势至今依然保留。每次跟她聊天，总能被她逗笑；在同学眼里，她也是一个开心果。

四、你适应能力很强

新学期开学，听到很多家长都说，换了老师，孩子很不适应。

朵朵从出生到现在已经跟着我换了三座城市生活，幼儿园转学、小学转学，三年级一年换了四五个语文老师，初一上学期班主任换了四个……这些年，我也不知道她究竟换了多少个老师，我一直给她的标签就是"你适应能力很强，什么环境都能很快适应"，事实证明，确实如此，她总会兴奋地迎接每一次环境的变化及由此带来的挑战。

五、你语言能力很强、你的观察能力很强，你画画非常好、进步非常快，你唱歌非常好听，你数理化思维非常强

不再细述，上面的话，在孩子表现好的时候不断重复即可。

六、你情商很高，人缘非常好

每当朵朵跟我提起跟同学相处的情景时，我都会由衷地发出感叹："你真是一个情商非常高的孩子，内心善良，正直又有智慧，还爱帮助别人，做你的好朋友真幸福。"

七、你内心越来越强大

朵朵上小学三四年级的时候，内心还比较脆弱，被老师批评了，跟同

学相处不愉快了，考试成绩不理想了，作业太多了……遇到各种不顺的时候，她很容易不开心，甚至还总是被调皮的弟弟气哭。

经过几年的成长，她现在看待事物越来越从容，偶尔不开心，也能很快调节过来，也很少被弟弟气哭。我经常感叹："你现在内心越来越强大了，就连二三十岁的人都不一定有你看得开"，她也觉得很有成就感。

八、你想做什么都可以做好

朵朵很小的时候，我就对自己提出了要求，比如，不说"你做这个不行、那个做不了"，会反复跟她强调"你只要想做，什么都可以做好"。

十几年来我已经给朵朵贴了很多标签，日积月累，这些都慢慢变成了孩子的优点，孩子也在不知不觉中成长得比我想象的还要优秀，我发自内心地爱她、欣赏她，也许这就是"培养别人家孩子"的终极秘籍之一吧。

第六节　把对孩子的担心变成祝福

家长找我咨询，使用最多的一个词语，就是"担心"。很多家长养育孩子的过程，就是一直担心的过程。

我虽然理解这些家长的心情，却不认可他们的做法。有句话叫"关心则乱"，只要家长开始担心，就会变得不理智，就容易做出一些不合适的行为，不但对孩子没有任何帮助，反而会让他们的"担心"变成事实。

有个女孩长得很漂亮，妈妈担心女儿不懂得保护自己，担心女儿受伤害，就经常骂女儿，不断地把女儿往她担心的方向推。这件事听起来不可思议，很多家长却真是这样做的。所以，我建议"教育行为要以结果为导向"，如果结果总是不满意，可能是教育方法和教育理念出现了问题，需要对教育行为进行调整。不从根源上反思和解决，一味地"担心"，没有任何意义。

"担心"的本质是不放心，也是不信任。不信任孩子，就会反复强调，无意中会给孩子进行"负面强化"。

很多家长都有这种体会：在孩子走路还不稳的时候，你反复强调走慢点儿别摔倒了，结果孩子很快就会摔给你看。

如果总是忍不住担心孩子，那就把担心换成祝福！多信任孩子，多祝福孩子，多用正向的表达，孩子定然能成长得比你想象得更优秀！举几个例子：

孩子身体不好，总是担心他（她）照顾不好自己。

改为：多带孩子锻炼身体，他（她）身体一定会越来越好。

孩子学习不好，总是担心他（她）以后考不上好大学。

改为：孩子现在暂时学习不好，以后会越来越好。考不上好大学也没关系，孩子有自己的特长，能够自食其力就很好，没什么好担心的。

孩子太胆小了，都不敢在人多的时候发言。

改为：孩子做事比较谨慎，他现在已经比小时候好很多了，以后会更好的。

孩子不需要父母的担心，需要的是父母的祝福和正向鼓励，通过努力，他们就会把这份祝福变成现实！

第七节　始终以动态、发展的眼光来看孩子

中国民间有很多关于孩子成长的说法，其中广为人知的就是"3岁看大，7岁看老"。这句话对很多中国人都造成了深刻影响。最近找我求助的多数家长的焦虑心理，也跟这句话有关。他们经常问的是"孩子现在这样，以后怎么办？"

其实，这句话不一定正确！

人的一生有几十年上百年，要经历很多事情，会经历很多改变，怎么可能"3岁看大，7岁就看老"？就我自己来说，20岁跟30岁的很多想法和思维都大不一样，更何况是孩子！因此，要"以动态的眼光来看待孩子"，永远不要因为孩子现在的表现而否定孩子的将来。

以我女儿朵朵为例：

朵朵小时候很多东西都不喜欢吃，现在都喜欢吃了。

朵朵小时候胆小、内向、怕生，现在变得开朗起来，还是个"自来熟"。

朵朵小时候性格倔强叛逆，现在则懂得换位思考。

朵朵小时候敏感、脆弱、爱哭，身体不好，经常肚子疼；现在内心强大、乐观，身体越来越好。

朵朵小时候如果被人欺负了，只会回家哭；现在变成了"威猛的女汉子"，没人敢欺负她。

朵朵小时候……

几乎每一年，朵朵都会有新的成长和改变。

为人父母，一定不要用孩子的小时候来推断孩子的未来。"3 岁看大，7 岁看老"的说法，局限性很强，至少不适合所有的孩子，所以，既不要当真，也不要影响了你对孩子的评价，更不要感到焦虑。

未来的世界，是属于孩子们的，无论你的孩子现在表现如何，都不要对他（她）失望，要对他充满信心，要坚信，青出于蓝而胜于蓝，你的孩子长大后，一定比你更优秀、活得更好！

第八节　抓住教育的时机，教育效果才能事半功倍

教育孩子的时候，家长不懂察言观色，没有抓住教育时机，就无法和孩子建立良好的亲子关系，孩子自然也就不愿意听家长的。

三国时期，诸葛孔明之所以能用兵如神、神机妙算，关键就在于他夜观天象，抓住了天时，比如著名的草船借箭典故就是如此。同样，在教育孩子的过程中，只要抓住教育时机，就能实现事半功倍的教育效果。

一、抓住 0—6 岁的敏感期

抓住这个时期，不仅可以提高孩子的综合素质，还能满足孩子的内心情感需求。这个阶段很重要，一定不能错过。具体如何做，我在第二章的内容中会有详细介绍。

二、抓住和孩子在一起、跟孩子聊天的时机

很多家长都不会跟孩子聊天，要么一开口就批评孩子，否定孩子；要

么急于下结论，根本没耐心听孩子讲完，经常把天聊死；要么只关心孩子的学习，不关心孩子的爱好、想法等，搞得孩子根本不愿意跟他聊天。

亲子之间的聊天可以分为两种：陈述式和提问式，举例如下：

孩子跟你说：班里×××跟×××谈恋爱。

家长甲直接说：这么小就谈恋爱，懂什么啊，你可不要谈恋爱！

这就是陈述式的，弄得孩子都没兴趣跟你说了。

家长乙问：他们俩是谁追的谁啊？他为什么喜欢她啊？你有什么看法呀？有没有同学说喜欢你呀？

这就是提问式的聊天。这种聊天是开放式的，能激发孩子的表达欲望，孩子自然就愿意跟你聊天了。

我对朵朵的教育以及良好亲子关系的培养，多数都是在聊天中完成的。我会听朵朵讲，也会给她讲一些新鲜的事。这种方式，不仅能增进亲子关系，还提高了孩子的思考能力，形成了正确的价值观和人生观。即便在青春期阶段，朵朵跟我的关系也不错，她说："咱俩简直就是上辈子的情侣，以后我找老公就找你这种男版的……"

三、抓住孩子表现好的时机

即使再普通的孩子，也有自己的闪光点。抓住孩子的闪光点，并不断强化，孩子也会更愿重复这种行为，慢慢就变成孩子的优点，多次反复，孩子的优点就会越来越多。

具体做法可参考第一章第五节的内容：学会给孩子贴正面标签，孩子会越来越优秀。

这里大家只需要记住，抓住孩子表现好的时机，非常重要。

四、抓住孩子遇到问题表现不好或犯错误的时机

即使孩子再优秀，也会犯错误。遇到这种情况，家长既不要烦恼，也不要着急，完全可以利用这些机会，对孩子进行引导。举两个例子：

第一个例子：

朵朵上四年级以后，作业比三年级多了，做作业时总是哼哼唧唧，甚至还踢板凳拍桌子，情绪烦躁。她的这种状态，令我深思，然后我正式找她谈了谈。

朵朵说："老师讲的我都会，为什么还要做作业？不做作业，我也能考第一。做作业，简直就是浪费时间，我就不想做作业。"

我对朵朵说："首先，无论是孩子还是大人，都有想做和不想做的事情。你不想做作业，我还不想做饭呢，我也不想工作，每天出去玩多好，可是谁来给我们钱供我们吃喝玩乐呢！所以，有些事情你不想做，可以不做；有些事情即使不想，也得做。

"大人要工作、做家务、送孩子上下学、带孩子出去玩儿等，妈妈一天要做十几件甚至几十件事情，而你只需要做好上学、写作业这两件事。所以，不要说不想做，想不想都要做。

"既然必须要做，为什么不能开开心心地做好呢？而且，又不是只有你一个人做，每个同学都做。如果你越早完成作业，就有越多的时间玩呀！如果你每天不到 9 点就可以做完老师布置的作业，而有的同学拖拖拉拉到 10 点都做不完，你是不是可以比人家多玩一个小时，没有对比就没有幸福呀！

"你们之所以要做作业，目的就是复习课堂上学过的知识。课堂上学会了，并不能保证做题都能做对。即使都能做对，还可以练习做题的速度，练习检查的能力。我再告诉你一个技巧，先做简单的，后做复杂的，花费的时间更短，效率更高。

　　"另外，你们老师开始实行'优生减负'的政策了。如果你坚信不做作业也可以考满分，我可以向老师申请你不做作业，需要我跟老师申请吗？"

　　朵朵说："还是算了吧！"

　　朵朵被我成功说服。从此以后，她几乎没有因为写作业而抱怨或闹过情绪，偶尔也会跟我说"我不想做作业，但不想也得做"，然后扮个鬼脸说"臣妾退下去做作业了，告辞！"

　　第二个例子：

　　朵朵上五年级的时候，又发生了一件事：

　　有一天，班主任老师找到我，严肃地说，朵朵的日记已经有很多天没写了。我感到非常吃惊，因为我从来不管她的作业，有时候连签名都是她自己签，所以对于她的这个问题我并不知道。

　　我问朵朵，她开始说："写到另一个本子上，本子找不到了。"

　　班主任说："不是，她根本就没写。"

　　最后，朵朵承认从五年级开学后就没怎么写，缺了大概40多篇，数量相当惊人。

　　我问朵朵："为什么缺这么多？"

　　她说："写了也没什么用，不写日记也能写好作文，每天的生活都差不多，没什么特别值得写的，感觉都是应付。"

　　我说："写日记有很多好处，比如，可以锻炼观察生活的能力，体会生活的各种美，考试时写作文就会更有灵感。我每天都坚持写文章，如今随便说一个主题，都能说半天。我以前上学的时候非常害怕写作文，现在却能随意地写几千字，就是这样锻炼的。"

朵朵说："好吧，写日记有帮助！可是，不知道写什么，怎么办？"

我说："我可以帮你，比如，咱们家种的花啊，水培的蒜苗啊，咱们小区的植物、环境啊，爸爸做的美食啊，楼下小卖铺阿姨养的猫啊，咱们去大棚里采摘西红柿啊，还有你每天看的书啊，你做的梦啊，弟弟惹你生气了啊，妈妈给你看的文章啊……这些都可以写。如果觉得实在没得写，可以移花接木换个时间，不一定必须是当天发生的事情。"

朵朵问："缺少的40多篇，能不能不写？从现在开始认真写。"

我说："不行！你要为自己做过的选择承担结果，之前缺少的必须补上。"

朵朵哭了，说："老师让我周五补完，我做不完。"

我说："我跟老师说一下，多给你几天时间，你看一下还有几篇，算一下一天要写多少。"

最后，老师又给了朵朵几天时间。之后的几天，她每天早上起来写日记，午睡时间写日记，晚上写完作业继续写日记。每天写七八篇，终于在规定时间内完成，她也松了一口气。

我问朵朵："你一天七八篇都能搞定，现在还觉得一天写一篇有困难吗？"

朵朵说："小菜一碟，太轻松了啊！"

我说："其实，我也很心疼你，这段时间你肯定也不踏实，还要想着编谎话，多累啊！每天都很忐忑，担心被我发现吧？做人要坦坦荡荡、踏踏实实，你如果能早点儿告诉我，不就不用煎熬这么多天了吗？"朵朵听完抱着我痛哭。

这件事已经过去两年，但至今依然影响着朵朵。这段经历让朵朵记忆深刻，也成了她人生中一笔宝贵的财富。

五、抓住孩子遇到挫折、痛苦的时机

家长都希望孩子天天快乐，可是在孩子成长过程中，除了开心快乐，也有痛苦和难过，即使家长能力再强，再懂家庭教育，也无法帮助孩子躲避挫折和痛苦。但当孩子遭遇挫折和痛苦的时候，如果家长能够抓住时机，对孩子进行合理的引导，培养孩子的抗挫折能力，就能让孩子的内心变得更强大，让孩子更加乐观积极，让孩子越来越优秀。

第二章
你需要掌握的育儿常识

第一节　0—3岁孩子的语言发育规律

孩子的语言发育，要经历一个循序渐进的过程。通常，孩子在8个月之前会无意识地发音；到了1岁左右，很多宝宝开始有意识地叫爸爸妈妈。我女儿是9个月开始叫爸爸妈妈的，1岁左右可以说短句，1岁半左右可以唱童谣，自己编顺口溜。进入语言爆发期后，她每天都能学习或创造很多新词，非常有趣。

孩子的语言发育有这样的规律，即从称呼人物叠词，到常见物品，到说短句，再到组合一句话。这是一个循序渐进的过程。

在语言和动作发育上，孩子的表现共有三种类型：

一是会说话和会走路几乎同时。

二是会走路比较早，会说话晚一些。

有这种表现的男孩较多，说明孩子比较有运动天赋。遇到这种孩子，家长不仅要提供更多的语言环境刺激，还要抓住阅读敏感期。具体如何做，我在后面的文章会有详细介绍。

三是会说话比较早，走路晚一些。

我女儿就是这种情况，说明她天生比较有语言天赋。

无论哪种类型，都不能代表什么，家长只要淡定面对，做自己能做的即可。

我还发现一个规律，即小时候哭起来比较凶的孩子，语言发育得都会更早一些，可能是哭的过程锻炼了孩子的肺活量、喉咙、口腔、舌头等与语言表达有关的器官。

如果孩子能够顺利地进行口头表达了，就可以给孩子听音乐、童谣，鼓励孩子学唱歌、讲故事等，为孩子上幼儿园做好准备。

到了三四岁，有些孩子还会说脏话、骂人、诅咒、结巴等，其实是因为孩子感受到了负面语言带来的刺激，为了引起家长的重视和关注，不断地重复。遇到这种情况，只要把正确的语言告诉孩子即可，不用指责，也不用过多关注，孩子觉得没意思，并没引起家长关注，很快就能调整过来，家长过度的强化和重视反而会让孩子变本加厉。

第二节　0—3岁孩子的运动发育规律

一、大动作发育规律

在婴儿发育规律上，中国民间有"三翻（身）六坐七滚八爬周岁走路"的说法，意思就是，婴儿3个月会翻身，6个月可以独立坐起来，七八个月开始在地上爬，满1岁会走路。实际上，具体到每个孩子也不完全一样，有的孩子发育会早一点儿，有的孩子发育会晚一点儿，都是正常的。

需要注意的是，家长不要太着急让宝宝学习走路，要多练习爬行，可以增强孩子的四肢和躯干的肌肉力量，为将来走得稳打下基础；多爬行还可以预防长大后晕车，有助于增强孩子的空间感，刺激孩子的大脑发育。

宝宝爬行的好处如此之多，这也是为什么很多早教中心都喜欢举办宝宝爬行比赛的原因。

多数宝宝学会走路的时间都在 1 周岁左右，少数会晚一些，比如，我女儿就走路比较晚。她出生在农村，满月之后衣服越穿越多，运动的机会越来越少，到了七八个月还在老家，没有条件，她也不愿意爬，一直到 1 岁 4 个月才学会走路。由于她腿部肌肉力量比较弱，开始走路的时候还不太稳，容易摔跤。

为了让宝宝练习走路，只要条件允许，就可以带宝宝去儿童乐园玩耍，让孩子爬上爬下、钻洞洞、玩蹦床等。多运动，也能促进宝宝的大脑发育。

等宝宝能熟练走路之后，可以挑战更大的难度，既可以设置障碍走，也可以让宝宝玩蹦床、滑小车、上下楼梯、跑、跳、单腿跳等。

到了 3 岁以后，幼儿园会安排很多适合孩子的运动，孩子的运动能力也会一步步增强。

二、精细（手部）动作发育

孩子的精细动作发育和大动作发育是同时进行的。刚生下来的小宝宝，全身都是软软的，手也没有力量，随着年龄的增长，手部开始有力量，可以抓握摇铃、玩具，有的宝宝不到 1 岁就可以翻书玩儿。

随着辅食的添加，宝宝会产生独立吃饭的欲望，这时候可以给他一把小勺，让他练习把食物送到嘴里。这个动作在成年人看起来很简单，但对于小宝宝来说并不容易，难度很大，需要不断地练习。

在 2 岁左右，经过反复练习，很多宝宝可以自己吃一部分食物。

到 3 岁左右，多数宝宝都能独立吃饭，这也为孩子上幼儿园做好了准备。

在这个过程中，我们可以跟宝宝一起玩积木、拼图、串珠子、用筷子夹豆子、用儿童剪刀剪纸、涂色、折纸、捏橡皮泥等游戏，促进孩子手部活动，锻炼宝宝手部的精细动作，成语"心灵手巧"就是这么来的！

在这个阶段，只要宝宝愿意尝试，在保证他们安全的前提下，要尽量给孩子提供机会，不要太多地限制和阻碍孩子。

第三节　0—3岁孩子的饮食特点

刚出生的小婴儿通常都是以吃奶（母乳、奶粉）为主，到了 1 岁左右很多妈妈会给孩子断母乳，喝配方奶粉。同时，很多老人或过来人也会建议妈妈给孩子尽早断母乳。他们的理由是，母乳没有营养了……可是，众多研究表明，母乳是最适合婴儿的食物，如果妈妈有条件，还是尽量让孩子喝母乳。

多年的经验告诉我，喂养母乳的孩子，体重增加得不如喝配方奶粉的孩子快，但是大脑发育更快。另外，母乳不仅是婴儿的食物，还是联系母子关系的桥梁。吸吮着妈妈的乳头，闻着妈妈的味道，对孩子来说简直就是一种幸福的享受。

很多断母乳过早的孩子，为了缓解自己的口欲，就会疯狂吃手、啃杯子和衣服等。所以，妈妈不要着急断母乳，只要条件允许，就让孩子多吃一段时间，即使到了 2 岁，也没问题。

通常，在 4—6 个月可以开始给婴儿添加辅食，食物从纯液体开始过渡到泥糊状，到半固体，到固体。在这个循序渐进的过程中，如果孩子表现出自己想拿勺子吃饭的欲望，不要阻止，也不要嫌孩子弄得太乱太脏，要给孩子提供探索的机会，如此孩子在 2 岁多就可以自己吃饭，不用家长喂了。

多数孩子小时候都比较爱吃肉类，不喜欢吃绿色蔬菜；有的孩子在 2 岁左右还会出现奶瘾，只喝奶，不吃其他食物。孩子天生对食物都带有偏好，家长要尽可能地把食物做得花样多些，色香味俱全，给孩子提供品种丰富的选择，同时也要接受孩子可能对某些食物的偏好。当然，随着年龄的增长，这种偏好也会发生改变。

朵朵小时候不喜欢吃的一些东西，现在都喜欢吃了；10 岁之前很多东西都不吃，现在都吃得很欢。

我的一个表妹小时候喜欢挑食，后来身高长到了 172cm……

我儿子今年 11 岁，周末有时候起床很晚，午饭不怎么吃，我也不管他，到了晚上他就正常吃饭了，身体也很好。

一句话，吃饭是孩子的本能。在孩子吃饭问题上，家长不需要太焦虑，不要将其变成孩子的压力和任务。

第四节　1.5—3岁的宝宝为什么会出现分离焦虑

生活中，很多妈妈发现，宝宝在 1.5—3 岁会出现非常黏人的情况，比如，只要妈妈一走开，就会哭得撕心裂肺；只要妈妈在家，一刻也不想跟妈妈分离，即使妈妈上卫生间，也要跟在屁股后面；不管遇到任何事情，都让妈妈做，不愿意让保姆或老人做等。

这种情况通常都发生在 1.5 岁前后，根据孩子发育的节奏不同，可能提前到 1 岁左右或 2 岁以后。这种现象被称为"分离焦虑"。朵朵在 1 岁半到 2 岁之间分离焦虑的情况表现得非常明显。

那么，为什么宝宝会出现分离焦虑呢？主要原因就在于，随着宝宝的年龄（月龄）不断增长，认知能力会不断提高，所以会出现分离焦虑。这其实是宝宝从单纯地吃奶睡觉玩耍成长到一个新阶段的体现。

在出现分离焦虑的阶段，孩子能分清楚亲近的人和不太亲近的人，但是他们现有的认知又无法对与妈妈分开后的事情作出预判，在他们的小脑袋瓜里，只要看不见妈妈，就以为妈妈不会再回来了，会感到恐惧，没有安全感，害怕分开。

可以设想一下，假设你和自己最爱、最熟悉的人到了一个陌生环境，比如在月球，这个人突然消失不见了，你不知道他（她）是否还会回来，会不会感到恐慌？分离焦虑期的宝宝，大概就是这种心情吧！

宝宝的分离焦虑并不只针对妈妈，有的孩子针对的是从小时候一直看护自己的人。如果老人看护时间长，宝宝也有可能离不开老人。

分离焦虑并不是因为宝宝娇气不懂事，而是因为他和妈妈的相处有一种稳定舒适的安全感，在精神上他也没有做好分离的准备。因此，妈妈首先要调整心态，不要嫌孩子烦。或许等到孩子长大了，变得越来越独立、不黏人了，你还会怀念这段甜蜜的时光呢！同时，在有限的时间里，要给予宝宝高质量的陪伴，不要边玩手机刷视频边心不在焉地看孩子。要放下电子产品，全身心地陪伴宝宝，可以跟宝宝玩游戏、看书、玩玩具、讲故事；同时，还要用眼神多跟宝宝交流，表达对宝宝的爱。

如果条件允许，可以进行"分离适应训练"，刚开始可以离开时间短一点儿，然后逐渐延长时间。

上班前，要让照顾宝宝的人跟宝宝充分熟悉，建立起一种依恋关系。

对于宝宝的哭，妈妈不要过于在意，不要感到自责。小孩是"哭而不伤"，即使哭一阵，对他们的身体也没有任何伤害。事实证明，小时候非常能哭的孩子，语言表达能力和肺活量都很强。

如果妈妈需要离开，可以平静地告诉孩子什么时候回来，然后正式跟宝宝说再见，坚决地走开。孩子一哭就舍不得离开，或偷偷地离开，或欺骗孩子，有害无利。

对于2岁左右的孩子来说，根本没必要给他们讲太多的道理。因为他们焦虑的根源在于害怕妈妈消失，随着孩子年龄的增长和认知能力的提高，明白了妈妈离开之后还会回来，孩子的安全感就会越来越足，分离焦虑也会慢慢改善。

记住，"黏妈妈"是多数孩子心理发育的必经阶段，妈妈淡定地应对，宝宝也会受你影响，勇敢地面对！

第五节　儿童的3个逆反期

儿童成长过程中，要经历3个逆反期：

一、第一个逆反期

第一个逆反期发生在宝宝1.5—3岁，对大人的要求，孩子可能会经常说"不"。朵朵 1.5 岁开始进入逆反期，让她洗脸，她就说"不洗"；让她起床，她会说"不起"。

虽然在家长看来，对于喜欢说"不"的孩子，有点儿难以应付，但从另一个角度来看，这是孩子学会走路和说话以后，自我意识的萌芽，是一个新的里程碑，是值得高兴的事。

当然，有些非常"乖"的孩子，这个时期的逆反并不太明显。

二、第二个逆反期

第二个逆反期发生在 7—9 岁，孩子从幼儿园进入小学，要适应新的生活，在作业和成绩上，会跟家长发生一些冲突，出现一些负面情绪，积累到一定程度，就会爆发所谓的"逆反期"。

三、第三个逆反期

第三个逆反期发生在青春期，时间跨越初中至高中。这个时期的孩子独立意识增强，父母如果还用对待小孩的那一套对待他们，就会让孩子产生对抗情绪。有些孩子在第一、第二个逆反期表现得不太明显，但在第三个阶段，往日积累的对父母的不满，就会像火山一样爆发出来，会通过网瘾、厌学、早恋等方式表现出来。

其实，逆反期是家长站在自己角度对孩子的定义，从本质上说，是孩子对父母教育方式的不满，是积累的负面情绪的释放，更是孩子独立、自我意识的标志。

有些孩子逆反期的表现不太明显，可能是因为父母非常强势，孩子没有自信和安全感，没有足够的内在能量逆反；也可能是亲子关系比较好，孩子有高度的自由和选择权，没必要逆反。

青春期不一定就是逆反期。家长只要了解逆反的本质，就能更加淡定、平和地看待。

第六节　6岁之前不可错过的敏感期

在0—6岁，孩子会出现各种敏感期，在该时期对孩子进行各项能力的培养，可以让孩子得到全方位的发展，达到事半功倍的教育效果。常见的敏感期通常有以下几种：

一、口和手的敏感期

特征：流口水、吃手、啃脚丫、吃玩具等。

家长支持：给孩子洗干净小手，洗干净玩具，给孩子提供胡萝卜条、水果条、手指饼干、牙胶等，让孩子尽情地享受这种快乐。

如果这个时期得不到满足，孩子就可能会形成持续性地啃手。甚至有研究称，成年人吃零食上瘾、爱咬人、说脏话等，都跟成长过程中这个时期没被充分满足有关。

二、语言敏感期

特征：孩子开始学习和模仿各种语言，每天都会出现很多新词语。

家长支持：多跟孩子聊天，让他们听童谣、故事、音乐，给孩子读书等，让孩子接受丰富的语言刺激，以便丰富语言表达。

三、空间敏感期

特征：孩子喜欢钻到衣柜、纸箱子、帐篷、桌子底下等狭小的空间。

家长支持：给孩子提供小帐篷等，让孩子尽情地玩耍。

朵朵小时候喜欢爬到大衣柜的二层，在上面躺着，为了让她躺得更舒服一些，我在里面铺了个小枕头和小被子。

四、秩序敏感期

特征：孩子会对家中的环境、固定做事的顺序很有执念，如果破坏这些顺序，他们就会大哭大闹。比如，朵朵小时候有一次去公园，走的不是以往的路，总想退回去重新出发。每次上电梯都是她摁，如果其他人摁了，她就要重新来；有一个2岁的孩子每天睡前要喝奶，有一天奶粉没有了，没喝上，就一直哭闹不肯睡觉。

家长支持：这个时期的孩子虽然有些不可理喻，家长也不要生气发火，要多些理解；同时，可以抓住这个时期，培养孩子规律的生活作息习惯、卫生习惯及整理房间、将玩具收拾到固定位置的习惯。

这个时期，只要能满足孩子的，就尽量满足，不要等到孩子哭了再去满足；如果条件所限，实在无法满足，就让孩子哭一下，不要打骂，也不要生气，孩子很快就能恢复平静。

五、阅读敏感期

特征：在1.5—4岁都有可能出现，孩子熟练掌握了口头语言，开始对书面语言感兴趣，喜欢翻书，喜欢指着书里的字一本正经地读，虽然自己不认识；甚至还喜欢缠着大人讲故事等。

家长支持：和孩子一起多读绘本，给孩子讲故事。

这时期，孩子可能会反复地让你读同一本书，甚至把里面的内容背下来。

六、数字敏感期

特征：孩子喜欢数数，喜欢问"这是几个？""那是几个？"

家长支持：将数字融入孩子的生活，让孩子数家里的物品，买数字绘本，玩数字游戏，培养孩子对数学的兴趣。

七、婚姻敏感期

特征：通常出现在幼儿园时期，孩子喜欢说"要跟爸爸妈妈结婚"，或跟幼儿园的某个喜欢的小朋友结婚。

家长支持：问问孩子"为什么要跟××结婚""喜欢××什么""知道结婚是什么意思吗？"要给孩子爱的引导和解释，尊重孩子，千万不要嘲笑孩子。

八、绘画敏感期

特征：孩子喜欢到处乱涂乱画。

家长支持：给孩子提供一个专门的黑板贴纸或一面墙，让孩子自由地涂画。

以上是几种常见的敏感期，有些孩子会出现比较特别的敏感期，比如，突然喜欢研究洗衣机、喜欢不停地摁马桶按钮等。总之，到了敏感期，孩子就会对某些事情表现出特别的敏感与沉迷，家长只要抓住这个时期，满足孩子的各种需求，给孩子提供充分的支持和帮助，就能促进他们各项能力的发展。

第七节　在孩子成长过程中，哪些是大方向，哪些是小细节

在孩子的成长过程中，有些事情是短暂性的，只要正面引导即可，不用太在意，孩子很快就能改正。

有些事情，是大方向问题，家长不重视、不干预、不引导，这些问题

会一直持续下去，且会越来越严重，甚至会影响孩子的一生。

很多家长的烦恼在于，不知道哪些是小事，哪些是大方向？前文中，我提到哪些是孩子成长过程中，家长要把握的大方向，比如，孩子是不是有安全感，孩子是不是自信，孩子是不是有内驱力，孩子的心态是不是乐观积极，抗挫折能力是不是很强，孩子是不是懂得感恩等。

只要这些大方向不出错，孩子的成长就不会出现大问题。

在孩子的成长过程中，也会出现很多短暂性的问题，即小细节，比如，吃手、打人、咬人、说脏话、骂人、黏人、发脾气、爱哭、不爱分享、撒泼打滚无理取闹、尿床、偷钱、说谎、胆小、怕生、叛逆、执拗等。

这些行为虽然会让家长烦恼，但都是儿童成长阶段的特有现象，并不会持续太久，也不会长期存在，比如，一个 5 岁时尿床的孩子，到 15 岁时一定不会再尿床。家长太在意，太过重视，指责、打骂孩子，反而会给孩子造成心理阴影和负面强化，让这些行为持续的时间更长。

同时，家长只要抓住机会，给孩子正面引导，充分信任孩子，这些问题都会随着时间的推移慢慢消失。具体问题如何处理，在后面的文章问答中，我会给出详细的建议和处理方法。

第三章
如何培养综合素质强的孩子

第一节　如何培养自信的孩子

在现代社会中，自信对于一个人来说非常重要。每个人都喜欢跟自信的人接触。自信的人，气场强，容易感染别人，更容易成为人群中的佼佼者，也更容易获得别人帮助。当然，自信不是一天养成的，需要从小开始培养。

因为工作关系，我跟很多女孩有过深入的沟通，发现一半以上的女孩都存在不太自信的情况。有的女孩，别人认为她很漂亮、很优秀、很可爱，但她的骨子里依然藏着深深的自卑。别人的赞美之言，她们不会当真；不好的评价，却要在意很久。

这种情况，主要还是跟一个人的生活经历和所受教育有关。我在很长一段时间里，也曾自卑过，不认可自己，即使在别人眼里我非常优秀，学习也很好，但这并没有帮我建立起自信。所以，我尤其重视对于孩子自信的培养。

一、导致孩子不自信的原因

1.得到的肯定太少，批评太多

父母经常打击批评孩子，很少肯定和鼓励孩子，甚至还经常威胁孩子"你要是不听话，我就不要你了"，"你要是考试成绩不好，我们就不喜欢你了"……孩子就会变得不自信。一个孩子的自信，需要反复的肯定，没被父母无条件地爱和肯定的孩子，是没有安全感的，也容易自卑。

2.孩子太在意别人的负面评价和否定

比如，孩子曾经在课堂上回答老师问题，因为回答错误，被其他同学嘲笑，或其他同学说他哪儿不好之类。这些可能在家长看来没什么，但孩子却认为是大事，从而受到打击，变得不自信。

如果把孩子的信心比喻成手电筒，那么自信的孩子就会闪耀着耀眼的光辉，不自信的孩子发出的光就是比较暗淡的。鼓励肯定孩子，相当于给孩子充电，电量越足，光越耀眼；打击、批评、伤害孩子，就是给孩子放电，电量越弱，光越暗淡。

3.评价体系的问题

在学校里，一个班有几十个孩子，学习排在前几名的只有几人，总跟学霸作比较，就会觉得自己不行。

如果跟以前的自己比，跟差的孩子比，或者跟自己有而别的孩子没有的优势比，自然就会自信起来。

二、如何帮助孩子变得自信

1.父母要先做自信的人

要想让孩子变得自信，父母首先就要做自信的人，尤其是妈妈。据我观察，多数女性都容易不自信，而多数男人都超级自信。很多女孩明明很优秀、很漂亮，却觉得自己不行，而很多男人觉得自己天下无敌、第一帅……这个可能跟中国几千年封建社会女性地位有关；另外，很多女孩生长在重男轻女的家庭也是一个原因，导致的结果就是，很多女人做了妈妈，自己都不自信，也就不知道如何培养自信的孩子。

据我观察，很多感到焦虑和担心的妈妈，也是对自己不自信，且对自己的生活不满，只能将希望寄托在孩子身上。那么，家长不自信，应该怎么办呢？有以下几条建议：

（1）自我激励。让孩子、家人、父母，给自己找出 10 条、20 条甚至 100 条优点，然后每天写，每天读，甚至录下来每天听，这就是自我激励。自我激励非常重要，而别人的鼓励，只是锦上添花。成功人士一般都非常擅长自我激励。

（2）多挑战自己。不断提升自己的技能，掌握得越多，就越自信。过去我不会开车，就去学了驾照；现在我的开车技术越来越好，在这些方面我就越来越自信。以前我觉得自己长得不好看，身材不好，也不会搭配衣服，后来我学习护肤，学习服装搭配，学习化妆，坚持长跑，如今我对自己的外貌和体型也越来越自信。

（3）多帮助别人解决问题。不断地挑战自己，获得更多的技能，就可以为越来越多的人提供帮助和解决问题。解决的问题越多，你的价值也就越大，自然就会越来越自信。

（4）选择合理的参照物。很多人之所以不自信，是因为总是跟比自己强的人比。在这个世界上，对于多数人来说，即使你再优秀，都有比你更优秀的人，所以，总是跟比自己强的人作比较，你肯定会自卑，不自信。而跟过去的你、跟不如你的人作比较，你就会变得比较自信。

2.给孩子无条件的爱

只有父母自身自信、能量强，才能给孩子无条件的爱和包容。

父母无条件的爱是给孩子最好的精神营养，是培养孩子自信和安全感的最好养分。

无论孩子长相如何，学习成绩如何，犯了什么错误，都不能影响父母对孩子的爱，永远不要对孩子说"你再怎么样我就不要你了，我不喜欢你了"。虽然家长说的都是气话，但孩子会当真。

被父母无条件爱着的孩子是幸福的，往往也更自信！

3. 观察孩子的优点，不断强化，帮孩子积累成就感

任何孩子都有自己的优点和擅长的事情，我们要多观察孩子，多发现孩子的优点和优势；同时，要反复告诉孩子，要给孩子贴好的"标签"。具体如何正向引导，我在第15课里会有详细介绍。

有个男孩学习成绩不好，妈妈偶然发现他喜欢玩魔方，就给他报了学习魔方的课。孩子学得很好，展示给全家人看，大家都夸他做得好。孩子内心充满喜悦和成就感，大人不断地告诉孩子"你玩魔方很厉害"，孩子在玩魔方时就越来越自信，更有勇气不断挑战自己。

以点带面，不断积累孩子的成就感，孩子就会越来越自信！

4. 教会孩子正确看待别人的评价

有的孩子平时比较自信，但是如果受到老师批评或别人不好的评价，就容易丧失自信。此时父母应该告诉孩子正确看待别人的评价，别人的批评与评价可以参考，但不要太过在意。

能够正确地自我评价，并合理看待别人的评价，也是每个人一生都要完成的课题，这一点很多成年人都不一定能做到。因为即使你再优秀，总有人不喜欢你，有些人甚至还会莫名其妙地骂你。有的人不能理智地看待别人的负面评价，只要一出现负面的评价，就会变得不自信、自我

怀疑。

自信，对每个人都非常重要。因此，父母应该从孩子小时候就有意识培养他的自信，让孩子变得更优秀。

第二节　如何培养有内驱力、积极主动的孩子

一、内驱力是什么

假设孩子是一辆"汽车"，一个有内驱力的孩子，车里有油，有发动机，如果想走，只要踩一下油门，就能快速往前走；如果想停车，就休息一下。没有内驱力的孩子，就好像车子的发动机不行，自己无法前行，前面必须得有拖车拖着，或家长、老师在车子后面推着才能前进。

孩子的这辆"汽车"不能靠内驱力行驶，只能靠前面拉或后面推，这也是很多家长感到非常累、非常难的原因之一，不仅家长和老师累，孩子自己也不舒服。

有内驱力的孩子，会自发地学习，包括在学校认真学习；还会发展自己的特长，广泛阅读，了解更多的知识，全方位地发展自己，想办法让自己变得更好，不用家长打骂、唠叨或操心。

以我女儿为例。

朵朵觉得自己写的字不如同学好，就让我给她买字帖练习。

看到同龄人比她的作文写得好，觉得自己的作文水平需要提高，朵朵就会想办法参加写作俱乐部，逼着自己每周交作业。

想学日语歌，她就会找个平台去自学日语；想练习电脑绘画，就自学绘画和作图软件。

她会根据情况自我调整。已经掌握的知识，就学习轻松一点儿；没掌握的知识，就重点学习一下。偶尔成绩下降了，自己也能很快调整过来。

她准备参加朗诵比赛，指导老师再三更改台词，为了表演顺利，她凌晨4点钟就开始在阳台上背台词。

有一次政治闭卷考试，老师搞突然袭击，她还没有背熟练，就凌晨4点多起床背。

我给她买的书，只要是她非常喜欢的，都能读很多遍，然后把好的词语背下来，经过改编后运用到文章中。

很多事情，我没有指导过她，老师也没有教过，都是她自己自发做的。朵朵的内驱力，比我想象的还要强大。

二、激发内驱力的误区

很多家长平时很重视孩子的内驱力，甚至也会主动地去做一些事情，但因为不了解事情的本质，很容易进入误区，从而无法产生理想的效果。

常见的做法误区主要有以下几种：

1. "你看看别人家的孩子，你看看你"

这个"别人家的孩子"，已经存在很多年了，多数家长都喜欢说，但多数孩子都不喜欢听。

为什么多数家长都喜欢说呢？因为他们觉得这样说，可以激发孩子的内驱力，你看别人那么优秀，你自己也应该更努力吧？这是多数家长的想法，但在孩子眼里，父母这样说，就代表"我不优秀""你不爱我"，甚至觉得"我不如别人家孩子好"。所以，这种说法，并不能有效激发孩子的内驱力，还会适得其反，让孩子反感。

2. 经常说孩子不好

很多家长喜欢说孩子这不好那不好，他们并不是不爱孩子，本意也是希望孩子奋发向上，更努力，变得更好。

说孩子粗心，是希望孩子能够更细心；

说孩子不懂礼貌，其实是希望孩子更懂礼貌；

说孩子做事拖拉，其实是希望孩子不拖延；

家长本意是好的，但由于不了解孩子的心理和不恰当的表达方式，多半都无法达到理想的效果，只会起反作用。

3. 家长给孩子的压力太多、管制太多

在过去一段时间，虎爸虎妈似乎备受追捧，以致很多年轻的父母也被带入了一条教育岔道，那就是——对孩子严格管制，他们坚信唯有如此才能让孩子听话，并把"听话"甚至唯唯诺诺的孩子作为教育孩子的标准。其实，要想培养好孩子，要学着尊重孩子，和孩子成为朋友。父母要记得，家长管得太多，干涉太多，对孩子不信任，是无法激发孩子内驱力的。

三、孩子内驱力的形成过程

对于多数孩子来说，内驱力不是从小就有的，也不是一天两天就能形成的，需要经历一个过程。

1. 孩子内在有安全感

父母对孩子经常表达爱，孩子就会觉得自己是被父母爱和重视的，永远不会被抛弃。经常感觉自己不被爱、随时可能会被抛弃的孩子，潜意识里充满了恐惧感。这种恐惧，会消耗掉他们的能量，孩子就没有更多能量和精力去发展自我了。

2. 被社会认可和尊重

孩子只要在家庭中感受到爱、感受到被尊重被认可，内在的心理需求得到满足，就会升级到更高层次的需求——被社会（学校、老师等）认可和尊重，这也是孩子内驱力形成的动力和基础。

期待五六岁的孩子有内驱力，要求有点过高。以我女儿为例，她是在初中之后才有比较充足的内驱力的。家长没有从小科学地教育孩子，可能孩子到了高中甚至大学阶段，内驱力也不足。

多数孩子最终都会形成内驱力，或早或晚，可能是十几岁，也可能是二三十岁。家长使用科学的教育方法，才有助于更早培养孩子的内驱力。

四、培养孩子的内驱力，家长应该如何做

1. 父母的定位

孩子 3 岁以后，父母要及时调整自己的定位，不要继续当"保姆""服务员""经纪人"，要当孩子的教练，成为孩子的精神导师。整天做孩子的"经纪人"，什么都管，给孩子施加的外力太大，管得太多，孩子就会懒得动脑，懒得思考……这种孩子，就无法激发自己的内在驱动力。

2. 给孩子正能量

（1）创造和谐的家庭氛围。夫妻之间和谐相处，家里光线明亮，整洁干净，有鲜花，有音乐，还可以点香熏等，创造一个好的家庭氛围。

（2）多说正面的话，多说欣赏、赞美、感谢孩子和家人的话，正面思考，正面引导，让家里充满欢声笑语。

（3）家人之间多拥抱，多进行眼神互动、亲子游戏等。

（4）家人之间多聊天，多分享好的事情。

3. 给孩子选择的自由

自由的孩子最自律。自律也是有内驱力的一种表现。

很多家长总是错误地觉得，你给孩子自由，因为你家孩子自律；我家孩子不自律，自控能力不强，所以不能给他自由。其实，家长将这个逻辑搞反了。先给孩子自由，孩子才会慢慢自律。

孩子刚学走路，你是先牵着他的手，等他走路很稳了才放开手；还是先放开他的手，让他慢慢锻炼，即使摔倒了几次，也继续放手？相信，一定是第二种。没有自由的孩子，是无法形成自己内驱力的。

另外，给孩子自由的同时，要允许孩子犯错误，要给孩子成长的时间，即使孩子犯了错误，表现让你不满意，你依然要继续坚持自己的原则。在这个过程中，要相信孩子，肯定孩子的进步，孩子就会慢慢激发出内驱力。

以孩子的作业为例。

经过我的从小"培养"，朵朵已经养成了阅读习惯，能够独立阅读，所以从小学一年级开始，我就对她说，她的作业自己负责，自己检查，我不帮她检查，也不会监督她做；自己收拾书包，老师交代的任何事，都自己记着。

女儿上一二年级的时候，有时候会忘了带课本，有时候粗心做错了很简单的题，所以她从来没考过双百。虽然老师也要求家长帮孩子检查，监督孩子学习，但是我依然让她自己来管理，对于作业和学习，不做太多干涉。

到了三四年级，朵朵开始不想做作业，我会给她讲清楚道理，她接受后，我依然不管她的作业，她有时候晚上做不完作业，第二天早上起来接着做；有时候上学之前没有做完，我送她去上学的路上，她就在车上做。即使这样，我依然相信她，偶尔提醒一下她，但是绝不会干涉她。

到了五年级，朵朵连续一个多月没写日记，后来老师找我，她补上了。我并没有因为这件事就不信任她，我依然没有管她的作业。

现在她上初中了，平时住校，周末带着作业回来。朵朵周五不做作业，有时周六也不做，我都不说她，我相信她会安排。我经常说，在学校学习，回家可以有时间玩，你自己看着安排，做完就行。

多数家长最容易出现的问题是，孩子表现好的时候，给孩子自由，给孩子成长的空间；一旦孩子哪次作业没完成，哪次考试没考好，他们就动摇了，不坚定了，就会立刻撤回对孩子的信任，忽视了孩子内驱力的培养。而我，一直都非常坚定地给予孩子信任，因此朵朵在初中阶段就激发了自己的内驱力，我管理起来也就比较省心。

在学习上，要给孩子选择的自由。比如，对于作业，孩子可以选择今天晚上做，也可以选择明天早上做。不过，不管他如何选择，你都要给他始终如一的信任。只要孩子感受到了你的爱，他就能被你的爱感动，激发自己的内驱力。

4. 带孩子去见识世界

带孩子去国内外旅游，参与各种活动和体验，接触优秀的人，让孩子看到人生百态，他才能知道自己想拥有什么样的人生。假期，带孩子和优秀的朋友聚会，或去山区体验等，也是非常好的方式。

有个爸爸毕业于名牌大学，暑假的时候带孩子回母校参观，激发了孩子对学校的向往之情，孩子立志："长大后，我也要像爸爸一样……"

5. 偶像、榜样的力量

为了激发孩子的梦想，可以给孩子读名人传记，可以跟他们一起看电影等。

很多孩子之所以不想学习，不想努力，原因之一就是没有目标，缺少偶像和榜样。我对孩子的教育很多时候是通过给她买书实现的。我给朵朵买了很多名人传记，比如，苏东坡传、贝多芬传、宋美龄传、居里夫人传……孩子了解了伟大人物的历史事迹，会激发出自己的梦想。此外，我还利用身边的人，鼓励孩子跟有内驱力的同学交往。同学之间的影响力非常强大，尤其是孩子上了小学高年级和初中以后。

我女儿有非常强的内驱力，她打算考北京大学，经常跟她一起玩的好朋友受其影响，也制定了学习目标，学习更加积极主动。

6. 家长不断地成长

作为家长，你是不是一个自燃型的人？你有没有内驱力？为了让自己的生活变得更好，你是不是每天都在积极主动地学习、反思、分享、提升和改变？家长有内驱力，也会影响、带动孩子。

自己想成为什么样的人，想过什么样的生活，就要主动付出努力。按照以上几步去做，给孩子时间，孩子的内驱力一定会越来越足。

第三节 如何培养心态乐观积极、抗挫折能力强的孩子

为人父母都希望自己的孩子能够天天快乐，但现实中，孩子的成长过程中不仅有开心快乐，还伴随着痛苦和难过。即使父母懂家庭教育、有一定的资本和能力，也都无法帮助孩子躲避挫折和苦难。从小培养孩子的抗挫折能力，让孩子内心变得强大，对孩子一生都会产生重大影响。

我自认为自己内心比较强大、抗挫折能力非常强。无论遇到什么事情，我都能保持良好的心态。为了让孩子继续保持我的这个优点，在她小时候，我就抓住机会，进行这方面的启蒙培养。

一、和孩子分享自己的失败

女儿6岁时，我考驾照，考科目二时，第一次没通过。我感到非常沮丧，非常难过，练习了这么多次，花了这么多时间，耗费了教练这么多心血，牺牲了很多陪女儿的时间，仍然没通过。我非常失落，甚至后悔自己为什么要学车？

我灰头土脸地回到家，女儿还没放学。女儿放学回来打开门看到我的时候，非常高兴。可是，看到我的神情，就问我，妈妈你怎么了？

我说："朵朵，妈妈今天考试没有通过，觉得很难过，过段时间还要重新考试。"

朵朵过来抱住我，摸着我的头说："小乖乖，没关系，你考不考得过，我都爱你，你都是我最爱的妈妈！给你块饼干吧，咱俩一起吃！"我感动

无比!

晚饭后,朵朵告诉我,老师打算让她表演踢毽子。

我说,家里没有毽子,去超市买一个吧。

我俩去了超市,一路上朵朵边走边跳,无比兴奋。受到她的情绪感染,我的心情舒展了一些。

买完毽子回来的路上,朵朵说,我一定要好好练习,我就不信我明天会表现不好!

我说,只要努力就行,因为有时候即使努力练习,也会因为一些你想象不到的原因导致失败。

她说,对,就像妈妈这次考试一样!

我说,是啊,我们要努力,但也要接受失败的结果,同时有力量重新开始。

她说,妈妈这次我奖励你99颗星,下次你再努力一点儿,就可以得到100颗星啦!

女儿的鼓励,让我的心情好了很多,虽然没有一举通过考试,可是通过跟女儿的分享,不仅得到女儿的鼓励和安慰,也给她上了一节挫折教育课,还让我们的亲子关系更加密切了。

二、抓住孩子遇到挫折的时机

朵朵的抗挫折能力是在小学阶段逐渐提升的。

在朵朵小学阶段,有三件事情让她感到非常难过。我则利用这些机会,对她进行了挫折教育。

1. 被同学孤立

三年级的时候,朵朵刚从烟台的学校转来。朵朵的人际交往能力较强,很快就结交了好朋友李蕾(化名),处得还挺开心。有一天朵朵告诉我，不知道为什么，李蕾不跟她玩儿了，还让其他同学也不要跟她玩儿，而且李蕾很有号召力，果然没人愿意跟她玩儿了。利用这件事，我对女儿进行了挫折教育，下面是我俩的对话：

我："是不是李蕾嫉妒你学习好、人缘好？"

朵朵："不知道，反正就是突然这样了。"

我："那你就不跟他们玩儿，自己玩儿。"

朵朵："我不想自己玩儿。"

我："小孩变化都很快，吵架和好都不超过两天，说不定过两天她又会找你，你们以前不是也闹过别扭，但很快就和好了？"

女儿："我觉得这次不一样。"

无论我怎么说，都无法安慰朵朵。她觉得很难过，送她上学的路上，我在前面开车，她坐在后排一边跟我说一边哭。好不容易到了学校，下车后我抱了抱她，我说："你这么可爱，这么有趣，不可能没人跟你玩，放心吧！"

我虽然也有点儿心疼她，但我知道这一关朵朵必须自己过，这种痛苦是她必须要经历的，我是无法代替的。这种经历，如果她能自己迈过去，内心就会变得更强大。

几天后，朵朵高兴跟我说，她又找到了新的好朋友。

我说："你不介意李蕾不跟你玩儿了吗？"

朵朵说："不玩儿就不玩儿，还有很多其他同学呢！我跟李蕾太像了，好的时候非常亲密，持续好一段时间又不好了。这个新好朋友正好跟我互补，我俩在一起从来不吵架。"

我说："你说得太对了！我也发现了，你跟李蕾很像，都很有个性，就好像两只刺猬，离得太近了反而容易不愉快。你适合跟性格比较温和的同学玩儿，性格互补，才不容易闹矛盾。"

一直到小学毕业，朵朵跟这个同学关系都非常好。两个孩子从来不闹矛盾，朵朵也没有再因为与同学的相处问题伤心过。我的心终于放下了，她的内心也更强大了。

2. 考试不理想

小学一二年级的时候，班里有很多孩子都考了双百，而朵朵从来没考过双百，在班里不是非常显眼。升入三年级后，无论期中还是期末，朵朵都是班级第一，这给了她很大的信心。

有一次考试，朵朵没有拿第一，我没有说什么，但她自己非常不开心。

我跟她说："战场上没有常胜将军，考场上也没有人每次考试都能考得非常好。即使是考上北大清华的人，也有成绩不好的时候。人这一生，就像马拉松比赛，要经历很多次考试，成绩不好，就不开心，只能浪费掉美好的时光！平时总考第一，有啥意思？偶尔也让其他同学拿个第一嘛！这样，你下次才有进步的空间。"

朵朵被我逗笑了，说："妈妈你怎么这么会安慰人啊！听起来好像很有道理的样子！"

看到我没有因为她的成绩不好批评她，朵朵也慢慢不那么在意成绩了，即使考不好，也能很快调整过来，不会沉浸在低落的情绪中。她的内心变得更强大了。

初一下学期，因为疫情原因在家上网课，朵朵没认真听。网课结束之后摸底考试，朵朵的成绩从年级第二跌落到班级第六，下降的幅度惊人。

朵朵没告诉我，我也没主动问她，而是装作不知道。我知道，在家上网课效率不太高，相信她自己可以调整过来。

果然不出所料，正式开学后，女儿调整好了状态，期末考试，又考了班级第一，还获得学校颁发的 1500 元奖学金。

3. 比赛失利

五年级的时候，朵朵参加学校举办的"国学小名士选拔"。初赛是笔试，朵朵准备得很认真，放学一回到家就背题，最终以初赛班级第二名顺利进入复赛。

复赛是现场答题，需要摁抢答器，没想到，朵朵的抢答器坏了，老师给她换了一个，依然不好使。朵朵没抢到答题的机会，最终被淘汰。

我去学校接朵朵放学，一看到我，还没说话她就哭了，一边哭一边跟我说："我本来觉得自己通过复赛没问题的，结果一道题都没回答，心理极度不平衡。"

我说："你要难过，就哭一会儿吧。"（接纳孩子的情绪并让她释放情绪，在孩子心情不好时不教育孩子，这是我一直坚持的原则）

等女儿情绪平静了，我说："其实你可以换个角度看，说不定这是好事呢！现在你都五年级了，学习很紧张，即使通过了复赛，后面还有很多关，也不一定能坚持到最后吧？而且，这个过程要花很多的时间精力，最后如果再被淘汰了，你是不是更难过？我们参加这个活动本来也是为了体验，增加自己的阅历，只要参加，就有收获，被淘汰是让你提前止损，也是好事呢！"

朵朵被我逗笑了，说："妈妈，你真是太能说了，思路太清晰了，我服了！"

过了几天，我再次跟朵朵说起这件事儿，我问她还难过吗？

朵朵说："天上飘来五个字，这都不是事！是事也就过一会儿，一会儿就完事儿！妈妈我现在调节情绪的能力可强了，很快就能调整过来了！"

看到朵朵内心强大，又一次突破自我，我觉得非常欣慰。

现在，朵朵已经上初二了，无论是面对学习压力，还是被老师批评、参加课外比赛失利、被同学误解，甚至被同学传言跟某个男生是一对儿等，朵朵都能很快调整好自己的心情，淡定乐观地面对，连班主任都说，这孩子内心太强大了！

孩子的成长不仅需要幸福和快乐，还需要各种养料，比如，小挫折、小失败、小难过，家长要正确引导，理解孩子的想法，接纳孩子的情绪，抱抱孩子，引导孩子积极正面思考，多往好的方面想。

记住，孩子成长过程中遇到的一切挫折，都是培养孩子抗挫折能力的时机，都能让孩子的内心变得更强大！

第四节　如何培养高情商的孩子

很多人觉得，情商高就是会说话，就能让别人喜欢。事实上，这只是其中的一部分。情商完整的定义一共包含5个部分：了解自身情绪、管理情绪、自我激励、识别他人情绪以及处理人际关系。

很多人通常理解的只是第5点，即人际关系的部分，其实要想做好第5点，首先要做到前面4点，也就是说，先爱自己，之后才有余力爱别人！

要想培养高情商的孩子，家长首先要有比较高的情商，或者不断提升自己的情商，跟孩子一起成长。

见过我女儿的人，都认为她是个情商比较高的孩子，部分原因就跟她的高情商天赋有关。在她小时候，我比较木讷，不太会表达爱，她却经常对我说，妈妈我好爱你，你是全世界最好的妈妈。

发现了朵朵在情商方面的天赋后，我对她进行了一系列的引导，主要包括以下几个方面：

一、情商启蒙

1. 漂亮的耳环

朵朵 5 岁左右的时候，越来越多地使用抽象词语。

有一天，家里来了两个叔叔，她问我："两个叔叔是不是要说叔叔们？"

我说"是的。"

她又说："两个叔叔一个皮肤颜色深，一个皮肤颜色浅。"

我说："你情商真高，竟然没有说一个皮肤黑，一个皮肤白……"

之后，我告诉她，女士一般都爱美，都喜欢被人说自己年轻，如果你说她们胖，她们会不开心。如果想夸奖别人，就夸得更具体一点儿，比如，你的发型真好看、这件衣服真适合你。

有一次，我和朵朵一起乘电梯，电梯里还有一位面无表情的女士。

朵朵突然说："阿姨你的耳环好漂亮！"

那位女士立刻激动说："是吗？小姑娘，你太可爱了！"

回去之后，我又夸奖了朵朵，她更开心了。

2. 体贴的小姑娘

楼下的单元门经常锁着，我发现朵朵有一个好习惯，就是每次早上出门的时候，如果看到后面还有人，就会一直帮人开着门，等大家都出去了，她才会关上。

这个动作是朵朵自发做的，我从没有教过她。

我发现之后夸奖了她，说她非常贴心。

细心观察朵朵在日常生活中的行为，然后给她贴上"情商高"的标签，这就是我做的第一件事。

二、有事情跟她商量

朵朵5岁以后，我工作越来越忙，周末总是需要加班，只能平时调休，陪她的时间越来越少，偶尔接送她上学，她都感到很满足。

一天，我跟朵朵说起了周末计划：

我："我这里有件事情，想听听你的建议。我这周一共休息2天，是周四休1天，送你上学、放学，周日休1天；还是周六周日休两天？"

朵朵："周六周日休两天吧。"

我："好。"

接着，我趁机告诉她："妈妈遇到事情跟你商量，你以后遇到事情也要跟妈妈商量，妈妈可以给你建议。"

朵朵："好的。"

三、带朵朵去参与成年人的活动

我第一次带朵朵参加活动，是在她6岁时。

那时我刚通过驾照考试，一起训练的学员请教练吃饭，家里没人带她，我就带着她一起去了。去之前我对她说，要注意礼仪，见了我的朋友要问"叔叔阿姨好"，不要无理取闹。如果表现好，以后只要有活动，我都带你去。

去了之后，朵朵表现得落落大方，比我想象的还要好。大家都很喜欢她，觉得她说话非常有趣。

回家之后，我对朵朵的表现表示肯定和赞美，她也非常开心。

后来，我经常带朵朵一起参加同事的婚礼、单位聚餐等，她表现得越来越好，总能跟成年人轻松愉快地聊天，可爱又不失礼貌。

四、给朵朵买各种提高情商的书籍

朵朵比较喜欢看书，为了提高她的情商，我给她买了很多情绪管理、提高情商的书籍，比如《小天才情商培养绘本》《社交礼仪》《好好说话》等。她最喜欢的是《好好说话》，看了很多遍，里面的多数内容甚至还能背下来，收获非常大。

五、跟朵朵学习高情商

培养高情商孩子的最高境界，就是孩子比家长更优秀，家长向孩子学习。现在我经常跟朵朵说，你确实情商太高了，我要向你学习！

1. 和同学搭档表演

有一次，朵朵和同学一起表演戏曲，同学不太熟练，我问朵朵，上场的时候怎么办？

朵朵说："我尽量配合她，两个人表演，不能突出我自己，我配合她演好，比我自己表演好，更重要……"

2. 不拉仇恨

有一次，朵朵对我说："同学们都吐槽家长，只看重成绩，不关心人。"

我说："那你怎么说……"

朵朵说："我就说，我妈妈对我的教育是放养模式，不管我，可我不能说'我妈妈非常好'，不然他们心里更不舒服了。"

3. 对同学的爱

班里新转来个同学，其他同学都不主动搭理她，朵朵却主动找她玩。我问她为什么？朵朵说："新转来的时候，非常需要同学的关怀，别人都不做，我来做。"

有个同学要转学走，朵朵周末抽时间做了个礼物。朵朵对我说："有个同学要转走，这种时候，最需要有人关注，让她觉得，在这里是有同学关心和喜欢她的。不管是刚转来还是要转走，都非常需要这种关怀。"

第五节　如何培养懂得感恩的孩子

一、为什么要培养懂得感恩的孩子

几千年来，中国人都有一个传统观念：养儿防老。

如今，养儿防老的观念已经被很多父母淡化。孩子长大后多数都会远离父母，去全国各地工作甚至定居，不再像以前一样一辈子在父母身边，所以抱有养儿防老观念的父母越来越少。不过我相信，任何父母都不愿意养出只顾自己的"白眼狼"，都希望培养懂得感恩的孩子。

除了在家庭中，进入社会后，懂得感恩也是一个非常珍贵的品质。老板喜欢感恩的人，往往会给这种人更多的机会；做生意招合伙人，也希望跟这种人合作。有感恩之心的人，更容易遇贵人相助，事业也会一帆风顺。

这几年，我接触了很多优秀人士，他们无论个人财富，还是家庭生活，都经营得很好，他们都是懂得感恩的人。所以，有意识培养孩子的感恩之心，对于孩子的一生都非常重要，远比关注孩子的成绩重要上百倍、数千倍！

二、培养孩子感恩之心的几个误区

如今，很多家长也在有意无意地培养孩子的感恩之心，效果却不好，甚至适得其反，因为他们都进入了教育的误区。

误区1：经常跟孩子说"我为了你付出多少多少，牺牲了多少多少"。

总是跟孩子说为他付出了多少，潜台词就是你要懂得感恩，我老了你要孝顺我，不然你就没有良心。

其实，孩子都能懂，但是父母的这种做法会让孩子感到非常不舒服，不愿意跟你亲近。越是提醒孩子要孝顺，孩子越反感。

误区2：家长把自己放在道德的制高点上，只让孩子感恩自己，自己不去感恩孩子。

一次，朵朵的班主任组织召开网上家长会，班主任对家长们说："我给孩子开班会时，告诉孩子，要感恩家长为我们做的一切！今天给家长开会，我要对家长建议，我们也要感恩孩子。"

对老师的这个观念，我非常认可，不要觉得孩子感恩父母是天经地义。

家长自己不懂得感恩，孩子是学不会感恩的。

误区3：把感恩片面化，只重视孩子感恩自己，不重视孩子感恩其他，比如，感恩国家、感恩社会、感恩老师、感恩同学，以及任何一个对孩子有帮助的人。

三、如何培养孩子的感恩之心

要培养孩子一种能力，首先自己就要具备这种能力，家长要先从培养自己的感恩之心做起。

1.感恩你的父母

虽然老一辈的父母可能对我们的教育不太科学，甚至还可能对我们的内心造成了一些创伤，但还是要感恩他们让我们活下来、供我们读书，让我们有机会过上现在的生活。即使父母做得不太尽善尽美，但是跟古代父母比起来，我们已经很幸福了。幸福的秘诀很简单，那就是不去想我们没得到什么，要关注我们如今所拥有的一切。

怎么感恩父母呢？给父母打个电话，节日发个红包，买些他们喜欢的、需要的东西，陪他们聊聊天，带他们出去旅游，跟他们分享自己的成长、进步和收获，表达对他们的感恩之情。

2.感恩你的孩子

为什么要感恩孩子？因为孩子让我们体会到了生命的神奇，体会到了成长的快乐，体会到了当年父母养大我们的不易，体会到了遗传的强大。如果没有孩子，我们可能都不知道自己是怎么长大的，也不知道孩子成长过程中要经历这么多，以及父母会有的很多担心。

少了孩子的陪伴，我们可能不会去动物园、科技馆、海洋馆、儿童乐园、公园等各种地方，更无法体验到五花八门的事情。当我们带着孩子开阔视野的时候，自己也欣赏了一切。

如果不是为了孩子，多数人都不会去看各种教育书，不会学习各种亲子课程，不会学做各种美食，不会学做手工、做小发明……当我们指导孩子做作业时，也体验了我们从未体验的一切。

陪孩子一路长大的过程，我们练就了"十八般武艺"，孩子的聪明可爱和不断成长进步不仅给我们带来了幸福和喜悦，还有满满的成就感。孩子带给我们的难题和烦恼，让我们练就了强大的内心，提高了解决问题的能力。

感恩孩子不是让家长刻意为之，而是自然而然由内而发的。那么，如何感恩孩子呢？

当孩子关心你时，你可以说："谢谢宝贝关心，妈妈感觉很幸福。"

当孩子跟你分享好玩的事情时，你说："谢谢宝贝，妈妈很喜欢你的分享。"

当孩子取得了进步时，你说："谢谢宝贝，你真让妈妈感到骄傲。"

当孩子跟你分享美食时，你说："谢谢宝贝，和你一起品尝美食，我感到很幸福。"

当我们把感谢孩子作为一种自然行为时，孩子也会模仿你。

3.感恩你的家人

很多人把家人的付出视为理所当然，觉得配偶对自己好是应该的，偶尔不满意，就会产生各种抱怨心理。这种心态，非常不利于家庭关系的和谐。我们要感恩家人为我们所做的一切。在外面，陌生人随便帮一下，我们都会感恩戴德，家人为你做这么多，难道不值得感恩？不要把最差的脾气留给最爱自己的人。

4.感恩你的贵人，如老师、朋友

要感恩所有对你有启发、有帮助的人。

5.感恩你的身体

很多人对于自己的身体持这样一种态度：好的时候，觉得是应该的；不好的时候，就抱怨自己的身体，这里不好那里不好。为什么要感恩你的身体呢？朵朵小时候说过一句话："我们的小脚丫，拖着我们的大身体，每天走来走去，很辛苦。"我当时瞬间被打动了。身体陪伴我们这么多年，有多少人会感恩它呢？

6.感恩你拥有的一切

要想培养懂得感恩的孩子，先要让自己成为懂得感恩的人。在家里，你和孩子、和家人之间，经常真诚地感谢对方时，家里会无时无刻不充满幸福的能量。

把你的经历、感受、想法和做法分享给孩子，孩子耳濡目染，也就学会了如何做一个懂得感恩的人！

教孩子学会感恩，不需要反复地口头说教，要体现在润物细无声、春风化雨般的日常行为中。

第六节　如何培养有幽默感的孩子

了解我的人都知道，我其实是一个无趣木讷的人，可以说我身上体现的是一本正经的"老干部"作风。

很多原本很好玩的事情，只要从我嘴里说出来，便不好笑了。朵朵却十分幽默，我经常被她逗得笑出鹅叫。朵朵的这种性格在人际交往中是比较受欢迎的，那么她的这种性格是怎么形成的呢？

有一天我问朵朵："你这么幽默搞笑，是天生的呢？还是跟我刻意培养有关？"

朵朵说："应该是一半一半，我可能本身就有点儿幽默基因，然后后天被你不断强化了。"

我觉得这种说法有一定道理，下面我就跟大家分享一下我是怎么做的！

多数孩子在两三岁的时候，总会说一些很好玩儿的话，朵朵也不例外，不仅会说一些非常可爱的话，还会自己造词儿。

有一次，朵朵吃苹果吃了一半不想吃了，就将剩下的往脚上抹，我就问她："朵朵，你干啥咧？"她说，我用苹果洗脚呢！

有一次，朵朵坐在她的小鸭子马桶上便便。结束之后她就喊："妈妈，朵朵拉了个蜗牛！"我过去看，果然，便便拐了个弯，确实很像蜗牛的样子。

有一次，朵朵在外面卖点读机的地方学会了玩点读机，回到家，她就说，她不叫朵朵了，叫"朵朵牌点读机"。她让我按她的胳膊，我就随便按，按一个地方，她说"本页无内容"；再按一个地方，她又说"本页无内容"。我假装生气了，说："怎么都没有内容！"她笑嘻嘻地说："你再按。"然后，我又按另一个地方，她说："A"，又按其他地方，她说"Y"。

还有一次，朵朵在电梯里，突然放了一个巨响的屁。看到电梯里还有其他人，她觉得有点儿尴尬，就说，我在排毒呢！电梯里的人都狂笑不已。

诸如此类好玩儿的事情非常多，遇到这类事情的时候，可能很多家长也就一笑而过了。我只是额外增加了两步，每次朵朵说出非常好玩儿的事情时，我都会非常夸张地大笑，然后说："朵朵你太可爱了！太幽默了，我要记下来！"然后，我就记下来，发在QQ空间上（那时候还没有微信）。

可能我的这种反应，让朵朵觉得很有成就感，于是就不断地找话题逗我们开心。同时，我也不断地告诉她，她很幽默，说话很有趣。慢慢地，朵朵就认为自己在这方面非常擅长。这也是我之前一直强调的"正面强化"会让孩子的优点越来越突出。

随着年龄的增长，朵朵认识的字越来越多，我给她买了几本幽默的故事书和杂志。在网上看到好玩儿的段子，也会让她看。她还喜欢看综艺节目，看完小品相声，还会改编。作为她忠实的观众，我每次都笑得直不起腰。

简单的动作持续做，重复的动作坚持做，朵朵也变得越来越幽默、越来越搞笑好玩儿了。

刚上初一的时候，朵朵被老师任命为班长，她说班长要管纪律，不符合自己搞笑的人设，觉得有点儿痛苦。后来，我就支持她辞掉了班长，按她自己喜欢的样子来学习和生活。

说了这么多，总结一下，其实也很简单，那就是：

（1）告诉孩子，他（她）很有幽默天赋。

（2）在每次孩子表现得可爱好玩的时候，给予肯定和赞美，让孩子有成就感，他（她）就会不断重复。

（3）给孩子提供资源支持，比如，书籍、电视节目、随机学习等。

（4）让孩子给自己确定一个人设，即一个幽默的、搞笑的、好玩儿的人。

以上就是我培养一个富有幽默感孩子的全过程，你学会了吗？

第七节　如何培养财商高的孩子

财商的本意是"金融智商"，英文缩写为 FQ（Financial Quotient），指个人、集体认识、创造和管理财富的能力。父母不同的财富思维，对孩子会有不同的影响。

我们父母那一代人，对子女的财商教育一般是，"挣钱很难，要节省，不要乱花钱"，"这个太贵了，我们买不起"，"钱是祸害，有钱了就容易变坏"，"有钱人很冷漠"；等等。对于朵朵的财商教育，我则采取了完全不同的做法。

我告诉朵朵，赚钱很简单很轻松，你以后一定会很有钱的，你值得拥有一切美好的东西；可以为自己非常心动的东西花钱，花钱也是很快乐的；

有钱人也有非常善良的；金钱会放大一个人的品质，也可能会改变一个人；要喜欢金钱，热爱金钱。

从幼儿园开始，我和朵朵一起出去吃饭，我都让她拿着钱去结账，也经常让她去楼下超市买东西。

小学的时候，我开始给朵朵一部分零花钱，允许她买自己喜欢的东西。

从初中开始，朵朵的压岁钱和奖学金都是她自己保存和管理，我从不担心她会乱花钱。当然，即使乱花钱，花了冤枉钱，也没有关系，这都是孩子成长的必修课。

前段时间，我第一次把朵朵邀请到我的育儿社群。朵朵进群后，很多人给她发红包，朵朵对我说，我只领你发的。我说，你领吧。朵朵领了之后，她自己也发了几个，说自己似乎爱上了发红包的感觉。

红包事小，但是可以看出很多东西。朵朵喜欢金钱，但并不贪财，我对她的表现很满意。

在朵朵所在的班级，很多同学家里都很有钱，有些孩子还喜欢炫富，觉得家里已经足够有钱，自己不用奋斗了。

我个人不认可这种思维观念，对朵朵说，有些家庭很有钱，孩子有可能会好吃懒做、不思进取。

朵朵说："妈妈，你以后不要给我留太多钱，我从大学开始就要自己赚钱，不要剥夺我赚钱的乐趣。"

我说："我也是这样想的。"

孩子财商的养成也是一个循序渐进的过程，在这个过程中，家长起到引导与监督的作用，并适时传授他们一些理财方法。

第八节　如何培养有担当的孩子

不管是对于男人，还是女人，"有担当"都是一个很宝贵的品质。成年人都不一定具备这种品质。那么，如何培养有担当的孩子?

所谓担当，就是遇到事情不推脱，没有"受害者思维"，可以为自己的选择和行为负责。为了培养有担当的孩子，要记住以下两个关键点:

一、家长自己要有担当

身教胜于言传，孩子的模仿能力非常强，他们的很多思维和习惯都会受家长的影响。家长自己不懂担当，就很难教会孩子有担当。如果家长自己是个不负责任的人，遇事喜欢把责任推给别人，不能为自己的选择承担结果，又怎么能教会孩子"有担当"呢?

二、抓住教育的时机

教育不是简单的说教，掌握教育的时机非常重要。有这样一个例子:

难得的 8 天假期，爸爸妈妈和 10 岁的乐乐决定自驾游。结果高速路段上出现车祸，堵车将近一个小时，连本来不晕车的乐乐都晕车了。好不容易到了目的地，乐乐玩儿得还挺高兴。突然天气降温，他们带的衣服少，回去的当天晚上，乐乐和妈妈都冻感冒了。

乐乐跟妈妈抱怨说:"今天真倒霉! 又堵车，又晕车，还感冒，都怪爸爸非得今天出去玩。还有这鬼天气，怎么突然这么冷，要是我们昨天出去玩就好了!"

妈妈跟乐乐说:"孩子啊，今天出去玩儿可是咱们一家三口共同的决定，你怎么能怪爸爸呢？放假出去玩的人本来就多，遇到堵车或路上出车祸都很正常；没多带衣服是我们自己没有考虑周到，冻感冒了也不能怪天气！很多事情都有两面性，你享受了出去玩儿的开心，就要承担出去玩带来的一些不便。"

妈妈知道，乐乐对她说的话还不能完全理解，但这种引导十分必要，只要在不同的场景不断重复同样的主题，家长自己做到的同时逐渐影响孩子，孩子就会朝着你期待的方向发展。

我们的人生，其实就是不断作选择、不断承担结果的过程。

小时候，需要选择跟谁一起玩儿？玩儿什么？上什么学校？长大之后，需要选择上什么大学？毕业后在哪个城市？做什么工作？找什么样的男 / 女朋友，跟什么样的人结婚生子？一直忽冷忽热的男朋友要不要分手？

结婚之后，要考虑要不要买学区房？是自己全职带娃，还是让老人帮忙带？要不要生二胎？要不要结束"鸡肋"一样的婚姻？要不要辞职自己创业？被套了好久的股票，要不要忍痛割掉？

生活中，需要考虑的事情就更多了：假期要不要出去玩儿？今天吃什么饭？要不要给孩子报课外辅导班？心动了好久的护肤品，要不要今天拿下？今天是吃外卖，还是自己做好吃的？

每天早上只要睁开眼睛，我们都会面临无数的选择，没有人的选择会一直正确无误。

18 岁之前，我们没有自主权，很多选择都是由父母帮我们作的；18 岁之后，每个人都成了法律意义上的成年人，可以独立自主地作选择，可能会因为自己的选择得到了好的结果而欢呼雀跃，也可能为自己的选择付出惨痛的代价。

无论你的选择是正确还是错误，我们都要勇敢地承担结果。记得提醒自己，你目前拥有的一切，都是你选择的！

生活娱乐篇

第四章
轻松解决孩子饮食难题

第一节　如何引导13个月的孩子自主吃饭

家长提问：

我儿子已经 13 个月，如何引导他自主吃饭呢？

云朵老师：

这位妈妈想要锻炼孩子的动手能力，这种想法非常好。不过，她不太了解孩子的发育情况，想让一个 13 个月大的孩子自主吃饭，有点儿强人所难了！

现实中，很多宝宝在 4 岁左右才能熟练地自己吃饭，我们的目标可以设定为：在孩子 3 岁上幼儿园之前可以独立吃饭。因此，在此前的时间，都是孩子练习吃饭的时间。

其实，孩子吃饭是不用引导的，在开始添加辅食的某个阶段，他们会表现出想要自己吃饭的兴趣，这时候我们只要克服担心孩子自己吃饭弄得脏兮兮的心理，吃饭前给他洗干净手，在他想要自己尝试时不阻止就可以啦！

通常，宝宝在七八个月以后会陆续长牙，手的抓握能力也逐渐增强，这时候可以让他们手里拿一些东西自己吃，比如，手指饼干、香蕉等；也可以让他们开始练习拿小勺子。

熟练地用勺子把饭喂到嘴里，对小宝宝来说，是一项较困难的技能。宝宝手腕关节的骨骼直到大约 18 个月时才会变硬，在这之前，宝宝要弯曲手腕并把食物准确送到嘴里，非常困难。

如果宝宝愿意，就给他们一把喜欢的小勺子，围上可爱的小围嘴，让他们坐在宝宝餐椅上自主进食。他们可能会吃得乱七八糟甚至满地都是，这都是很正常的现象。开始时，我们可以喂宝宝吃，然后让宝宝逐渐练习使用小勺子。

宝宝可以熟练使用勺子吃饭后，再尝试让宝宝练习使用筷子，平时也可以玩夹豆子游戏：盘子里放绿豆、黄豆、黑豆等各种豆子。为了降低难度，刚开始可以先用水将豆子泡膨胀，让宝宝练习用手指分拣出来，再不断增加难度，最后就能练习用筷子夹豆子了。

这是一个漫长的过程，妈妈要有这方面的意识，有足够的耐心，不催促，不"嫌弃"宝宝，给宝宝提供尝试和练习的机会，先易后难，多鼓励，让宝宝有成就感。然后不断增加难度，宝宝的小手就会越来越灵活，自己吃饭的技能也会越来越熟练，到了 3 岁上幼儿园的时候，就不用担心宝宝不会自己吃饭啦！

第二节　什么时候给宝宝断母乳更合适

家长提问：

女儿马上 6 个月了，听说这个时候母乳已经没什么营养了，我该什么时候给宝宝断母乳？

云朵老师：

自古以来，多数孩子都是自然离乳的，母乳吃到五六岁的都有，最后自然就不吃了。孩子和妈妈都不会感到什么痛苦，有的妈妈生了几个孩子，乳汁都还很好。

如今，现代女性工作压力越来越大，很多妈妈产后不到 3 个月就开始上班，给宝宝哺乳也不方便。多数妈妈都会比较早地给宝宝断母乳，有的妈妈在乳汁还有很多的时候就给宝宝断奶，还要经历一个"宝宝吃不上，妈妈涨奶痛"的断奶痛苦期。

很多人觉得，母乳 6 个月以后就没什么营养了，有过来人总是建议哺乳期的妈妈早点儿断母乳喝牛奶。这些人虽然是好心，但他们也许不知道，母乳不仅会给宝宝提供营养，宝宝在妈妈温暖的怀抱中被喂养时，还可以给宝宝安全感，增进亲子间的情感交流，这是其他方式很难替代的。

在 3 岁之前，给宝宝建立安全感非常重要。现实中，有些强行断母乳的宝宝，会不停地吃手甚至啃被子。而 3 岁自然离乳的宝宝各方面发育得很好，安全感十足。

因此，我个人建议，如果身体和各方面条件都允许，就尽可能地给宝宝多喂一段时间母乳，能够自然离乳最好。

第三节　孩子吃饭总是需要家长喂，怎么办

家长提问：

我儿子5岁了，吃饭还需要家长喂，每次吃饭都要花半个小时，甚至一个小时。在幼儿园吃得很好，在家吃饭就各种拖延，怎么办？

云朵老师：

现实中，很多孩子都喜欢让家长喂。我记得在我小时候，邻居家奶奶喂孙子吃饭，一直喂到七八岁，孙子边吃边跑，奶奶在后面端个碗一直追，看着就觉得心累！

我一个亲戚家的小女孩小时候也是这种情况。明明自己会吃饭，奶奶却觉得她吃得慢吃得少，看她长得瘦，就总想喂她吃。有一次，我帮忙带两天。我做好了饭，大人孩子一起吃，我并没有特别照顾她，她也吃得很好。所以，小孩也会"看人下菜"，在不同的人面前表现是不一样的。

5岁的孩子在幼儿园可以独立吃饭，为什么在家却完全相反呢？我觉得，不是孩子的能力问题是家长观念的问题。我非常认可一个观念，世界上有三种事：自己的事、别人的事、老天的事。作为家长，对于孩子吃饭这件事，如果认为孩子吃饭就是孩子自己的事，就可以让孩子自己决定吃饭的速度和吃什么，可以把饭放在一个专门的碗和盘子里，不管孩子吃多少，吃完了就收走。

如果你觉得孩子吃什么、吃多少、吃多快，都是你的事情，就会进行干涉，会催促，会唠叨，原本是孩子本能可以完成的事情，却变成了他要完成的任务。孩子感受到压力，就会拖延。

　　想想看，你在吃饭的时候，老公一直在旁边唠叨你，比如他总说哎呀，你这个吃太少了，吃饭太慢了，你要快点儿吃……你是什么心情呢？对你来说，吃饭就成了受罪。

　　其实，孩子一出生，上天就赋予了他们自我保护、求生的本能，比如，孩子一出生就会喝奶。因此，你要相信，他们是不会让自己饿着的。

　　我们父辈那一代，连饭都吃不上，孩子们不用喂饭，都抢着吃，生怕吃不上。

　　饿了吃饭，是人的本能，孩子也不例外，要相信孩子的本能。

　　我女儿朵朵小时候很挑食，2岁以后就基本上可以自己吃饭了。她喜欢吃肉，不喜欢吃主食和蔬菜。在小学阶段，经常吃几口饭就说肚子不舒服，然后就不吃了。长到10岁以后，朵朵一顿饭可以吃两个馒头，蔬菜什么的都爱吃了，以前不爱吃的很多食物也喜欢吃了，基本上不再挑食。

　　朵朵的弟弟，吃东西也很挑，以前没吃过的，不敢吃；胃口不好，看着不爱吃，就干脆不吃；遇到自己喜欢吃的，就会吃很多。我们没去管他，他身体也很好。

　　因此，如果孩子会吃饭，就不要再喂饭了，否则会把吃饭变成孩子的任务和痛苦，结果只会：孩子越来越不爱吃饭，你越来越头疼。将吃饭的自由还给孩子，餐桌上的氛围就会变得和谐愉快，再想办法提高厨艺，把饭菜做得诱人又美味，孩子吃饭就不是什么问题了。多年以后，你就会明白，孩子小时候，多吃几口，少吃几口，都能长大。

第四节　2岁孩子偏食，怎么办

家长提问：

我女儿 2 岁了，不仅不喜欢吃肉，蔬菜也很少吃，只喜欢喝奶粉，我担心孩子缺乏营养，有什么好办法吗？

云朵老师：

孩子小时候，吃喝拉撒睡都是大事，孩子偏食，会让妈妈们更担心。那么，孩子们为什么会偏食呢？

一、个体差异

因为个体的差异，有些宝宝天生对某些食物表示拒绝，无论家长用什么办法让他们吃，他们都不吃。

遇到这种情况，家长也不必强求，只要保证宝宝的饮食有五谷杂粮，有蛋白质，有蔬菜水果就可以。食物的种类很多，总有可以替代的。即使不吃肉类，也可以吃豆腐和豆制品、鱼虾类、奶酪等来补充优质蛋白，没必要跟某些食物较劲儿。成年人也有自己喜欢和不喜欢的食物，何况是孩子？

朵朵小时候也有很多食物不吃，但是随着年龄的增长，她两三岁时不喜欢吃的食物，到了七八岁以后反而开始喜欢吃了。她 8 岁之前很多蔬菜都不爱吃，现在却越来越喜欢吃蔬菜了。

孩子对于食物的喜好是动态变化的，家长要放下焦虑的心，即使孩子短时间内不吃也不要强求，孩子现在不吃并不代表以后一直不吃！

二、做得不好吃或食物烹饪的形状不符合宝宝年龄的需求

比如，蔬菜叶子过大，宝宝吃了觉得塞牙，嚼不烂，就不会吃；肉块比较大，不好嚼，炖得不够烂，咬不动，不可口等；有些食物味道特殊，孩子不喜欢，比如，海鲜鱼类的腥味、牛羊肉的膻味、某些蔬菜的特殊味道等。

为了改变宝宝对食物的喜好，妈妈们就要努力提高厨艺。比如，做得好吃一些，注意色彩搭配，做到色香味俱佳；也可以改变烹饪形式，比如，宝宝不喜欢吃煮鸡蛋，就可以改成煎鸡蛋饼、蒸蛋羹、鸡蛋汤、蛋饺等；宝宝不喜欢吃炒的肉丝，可以做成肉饺、肉饼、肉包等，不断尝试，总有一款适合孩子。

这里还有一个问题，就是孩子爱喝奶粉、有奶瘾。

一两岁有奶瘾、不爱吃饭的孩子，我就遇过几个：

第一个：

朵朵 1 岁半的时候，每天都喝很多奶，其他的不怎么吃。我给她囤了几罐奶粉，结果到了 2 岁多，她突然就不喝奶粉了。家里没人喝，我只好将奶粉送给了一个同事，总算没浪费。

朵朵小时候隔三岔五就会生点儿小毛病，吃饭也不太好，总喜欢吃肉，蔬菜和主食吃得很少。从 5 岁到 10 岁，早上吃两口饭就肚子难受，严重了就带她去医院，抽血化验 B 超一条龙，最后也检查不出什么。

西医说是肠系膜淋巴结炎、幽门螺旋杆菌；中医说是胃肠功能紊乱，给她吃中药、吃西药、三联疗法、针灸、推拿、穴位贴、艾灸，带她跑遍了大小医院，尝试过各种方法，都没有改善。

朵朵 11 周岁以后，胃口突然变好了，也爱吃蔬菜了，以前不爱吃的

很多食物也喜欢吃了。

第二个：

我外甥女今年4岁，在她2岁多的时候，不怎么吃饭，经常闹着喝奶。我姐也曾担心过，但是也没有太好的办法。后来上了幼儿园，喝奶慢慢少了，现在吃饭还不错，身高、体重、智力等发育得也很好。

第三个：

一个朋友的女儿，跟我外甥女的情况差不多，也是上了幼儿园之后慢慢变好的。

我见过的这种情况还有很多，这里就不一一列举了。但为什么这个年龄段的孩子会疯狂喜欢喝奶不喜欢吃饭，我至今都没有找到这背后的心理根源。也许跟妈妈给孩子断母乳或孩子面临分离焦虑有一定的关系，而喝奶时吸吮奶嘴可以满足他们的口欲，让他们更有安全感。

所以，我给妈妈的建议如下：

（1）很多孩子都有这种现象，这是一个特殊时期的短暂行为，不要太担心。

（2）孩子有自我保护机制，想喝奶，就给他喝，没关系。

（3）多陪伴、安抚宝宝，多跟宝宝的身体亲密接触，让宝宝更有安全感。

（4）努力提高厨艺，在食物的色香味和烹调方式上多下功夫，食物类型多样化，提升宝宝的兴趣，但是不要勉强孩子吃。

（5）让宝宝跟吃饭好、胃口好的孩子玩耍、吃饭，刺激宝宝对于食物的兴趣。

（6）多数孩子的奶瘾情况，会在上了幼儿园后得到改善。

第五节　孩子偷偷吃零食，怎么办

家长提问：

我女儿从小到大吃饭胃口都不太好，我一直都对她的零食限制得比较严格，从来不让她吃零食。最近好几次我发现，她偷偷吃零食，比如薯片、辣条、糖果，吃完后还把食品袋藏起来，说了也不听，这种情况应该怎么办？怎样让孩子远离零食呢？

云朵老师：

我小时候比较乖，不爱吃甜食，家长偶尔给买些零食就吃，不给买也不会要，本身对于这些零食没有特殊的爱好，至今也是如此，所以对于小孩喜欢吃零食的感受，我并不能感同身受。

看到这个问题，我仿佛看到了跟我女儿一样的宝宝啊！关于孩子吃零食这件事，也困扰了我很多年。

在女儿小的时候，我对营养和养生比较入迷，所以对于孩子吃零食很反感，坚决不允许她吃零食，也从不给她买。但是，亲戚朋友或老人偶尔会给她买，她就表现得很喜欢吃的样子，我碍于面子也无法控制。后来，我自己带她，就不给她买，她也吃不上，不过我发现有时候她会将同学送给她的零食带回家。

后来情况越来越严重，我在整理她房间的时候，总能在床底下、床头柜发现一堆辣条、糖果、果冻，每次看到这个场景，我都火冒三丈，劈里啪啦把她骂一顿，她当时也会承认自己不对，过后依然如此。

这个问题困扰了我好久。后来，一个群里的小伙伴聊起她小时候非常喜欢吃零食，总是偷偷吃，大人越不让吃越想吃，自己控制不住。我突然意识到，在孩子吃零食这件事上，可能是我控制得太严了，堵不如疏，我决定换一种方式试试。于是，我对女儿说："妈妈以前可能管得太严了，从现在开始，你想吃零食就大胆吃，以后每次去超市你都可以选2—3种喜欢吃的零食，随便选。但是你要答应妈妈，不要自己偷偷吃零食。"她很高兴，说："好啊，好啊！"

结果我发现，当我不再过于在意这件事、不再因此焦虑、让她自由选择时，她依然喜欢零食，但没有那么狂热了。小时候她饭吃得不多，体质有些弱，10岁以后胃口突然就好了，也吃得多，偶尔吃点儿零食，也不会影响吃饭，体质也越来越好。慢慢地我就将这个困扰了自己好几年的事情放下了。

现在想来，前几年在关于零食的问题上，我还是太紧张了。孩子天生具有自我调节能力，吃些零食，不会对身体造成太大的影响。家长控制得太严，反而会让孩子产生逆反心理，总会自己想办法偷偷吃。

正常情况下，孩子不会非常"贪吃"，如果孩子对吃东西或吃零食非常狂热，也可能是心理缺乏安全感和缺爱的表现，靠"吃东西"来进行自我安慰和情感满足，家长要反思一下，是不是最近比较忙忽视了孩子的情感需求呢？

多数孩子都喜欢吃零食，如果确实不想让孩子吃，就不要让零食出现在家里，在其他任何场合也不要让孩子接触零食。千万不要一边禁止孩子吃，一边家里摆着很多零食，或"故意"考验孩子的意志，或不好意思拒绝亲朋好友给孩子送零食……孩子尝到了零食的"美味"，如果无法得到，就会"偷偷吃"。

第五章
轻松解决孩子睡眠难题

第一节　刚出生的婴儿，只睡12个小时正常吗

妈妈提问：

我家宝宝睡觉的时候，只要有一点儿动静就会醒，一天最多睡 12 个小时。不是说刚出生的宝宝都很能睡吗？睡这么少，会不会影响健康？

云朵老师：

对于新生小婴儿的睡眠问题，很多妈妈都有误区，以为宝宝刚出生，就是除了吃就是睡，睡得时间越长越好。

女儿小的时候，我看书上也是这样写的。看到她刚出生几天就可以连续 7 个小时不睡觉，一天也就睡十一二个小时，比书上说的少很多，我也感到焦虑。

后来，我了解了很多案例，发现了一个规律：

有一种宝宝，出生时发育得非常好，身上没有皱纹，体重正常甚至偏高，精力旺盛，一般睡眠也会偏少。

有另一种宝宝，出生时不满 6 斤，发育不太好，往往就是吃了睡、睡

了吃。其实，现在多数孩子体重都在 6.5 斤甚至 7 斤以上。

我女儿出生的时候重 8 斤，在宫内发育得特别好，睡得少也是情理之中。2 岁之后，她连午觉都不睡了，每天就是不停地说话，不停地跑来跑去，我试着哄她睡午觉，结果她没睡着，我把自己哄睡着了……后来，我就不再勉强她了，不睡就不睡吧！现在她上初中了，学习压力大了，反而中午能睡着了。

所以，新手妈妈，不要因为刚出生的宝宝睡得少而焦虑，每个孩子都有个体差异，完全照书养是不适合的。

孩子不睡的时候，可以跟他说话、聊天、听音乐、听故事，不要勉强孩子睡觉。

第二节　快满月的宝宝白天睡得很好，晚上哭闹，怎么办

家长提问：

我家宝贝还有几天就满月了，白天睡得很好，晚上总是哭闹，怎么办？

云朵老师：

新生儿不会说话，无法用言语表达，哭闹就是他们的表达方式。夜哭的小孩非常普遍，家长不要着急。

宝宝哭闹一般是有原因的，家长要注意观察，排除原因，有针对性地解决问题：

（1）宝宝饿了，需要喂奶了。

（2）给宝宝盖得太多，太热了。

（3）宝宝尿尿或便便了，穿着纸尿裤不舒服，需要清理了。

（4）房间灯光太亮，宝宝无法入睡。

（5）宝宝长时间维持一个姿势，不太舒服，无法翻身。

以上这些情况比较简单，有针对性地处理后，宝宝很快就会停止哭闹。

（6）宝宝受凉了，肚子不舒服。可以给宝宝贴个暖贴或用热水袋捂一会儿，宝宝打嗝或放屁之后会有所缓解。

（7）宝宝一直用纸尿裤，出现了红屁股。可以给宝宝用护臀膏涂抹，选择质量好的纸尿裤，保持小 PP 干爽。

（8）白天睡得太多，晚上兴奋不想睡觉。逐步帮宝宝调整睡眠规律，白天多陪宝宝玩一会儿，多消耗一些精力。

（9）宝宝白天受到惊吓或者做噩梦了。把宝宝抱起来轻轻安抚，也可以放在摇篮里晃一晃。

（10）宝宝需要安抚。

伦敦大学有一项研究表明：初生婴儿平均一天要哭 2 个小时；6 周大的婴儿最能哭，25% 的孩子一天有 4 个小时哭哭啼啼，而且 40% 的啼哭发生在晚上 6 点至半夜。

如果宝宝没有任何不适，吃奶、大小便、体重增长情况及各项检查指标都正常，宝宝哭闹不止，很可能是想提醒大人，他需要大人的关注和安抚。家长可以给宝宝做抚触，轻轻按摩他的脸蛋、肩膀、背部、手掌、脚底等其他部位，让宝宝安静下来，帮他舒缓紧张不安的情绪。

我女儿 3 个月之前晚上经常哭闹，有时候白天也突然大哭，去医院检查，没发现异常。后来，随着年龄的增长，这种情况就慢慢改善了。

宝宝晚上哭闹是一种常见现象，了解宝宝哭闹的原因，排除宝宝疾病情况，做到心中有数，爸爸妈妈就可以轻松淡定面对啦！

第三节　孩子什么时候开始可以独立睡觉

家长提问：

我的孩子9个月大，还不能独立睡觉，什么时候才能自己独立睡觉？

云朵老师：

很多西方国家的家长，在孩子出生后就让孩子自己睡，孩子从小习惯了，也不用刻意分床。不过，多数中国家庭，宝宝出生后的几年都是跟爸爸妈妈一起睡。

如果孩子出生后没有养成自己睡的习惯，在9个月的时候，突然让他自己睡，就比较难操作了。尤其是智力发育比较好的宝宝，在这个年龄段已经出现分离焦虑了，如果给宝宝分床，会让宝宝更加缺少安全感，给他们讲道理也行不通。因此，对于让宝宝自己睡觉这个问题，可以从长计议，不必急于一时。具体到什么时候可以让孩子自己独立睡觉，每个孩子都存在个体差异，这取决于宝宝什么时候能够建立充分的安全感。

我女儿小时候一直是我自己带，我就经常鼓励她自己睡。她说晚上会害怕，我也没有勉强。

朵朵三四年级的暑假，我让她自己参加暑假夏令营，她在外面也睡得很好，到了五年级才开始完全自己睡。

现在朵朵已经上初二了，越来越独立，心理发育也正常，也不想跟我一起睡了。

我的小时候家里房间不多，全家人都挤在一张床上。到了初中阶段，我非常渴望有自己独立的空间。我们这一代人，都是这么长大的！孩子和你一起睡的时光不会太久，抱着馨香绵软的小身体亲密又温馨的记忆，很快就会一去不复返。

多数宝宝都怕黑暗，怕孤单，想象力也比较丰富，在孩子还没准备好的时候，强行让孩子自己睡，会增加孩子的焦虑和不安全感，觉得自己被父母抛弃，甚至对自己失去信心，不容易相信他人。

我看过一个案例：

为了让3岁的女儿独立睡觉，一位妈妈尝试了很多办法，女儿就是不同意。后来，妈妈锁上自己房间的门，强制让女儿自己睡。女儿连续哭了几个晚上，发现妈妈不会改变意见，于是只能自己睡。

后来，女儿不再依恋她，也不喜欢上幼儿园，变得有些自闭和闷闷不乐。同时，妈妈生了二胎，忙着照顾二宝，无暇顾及大女儿的情绪。再后来，大女儿开始叛逆，有一次哭着说妈妈不爱她，她恨妈妈，妈妈这才意识到自己好像做错了，在让孩子自己睡的问题上似乎操之过急了。

如果想让孩子自己睡，要让孩子循序渐进地适应，不能急于求成，在这里，我提供一些建议：

（1）孩子是不是可以自己睡，不是看孩子3岁还是5岁，而是看孩子是否给我们发出了准备好的信号。比如，早上醒了会自己玩，有时候会把自己关在屋里，突然不好意思在家长面前换衣服，还会说"不要看我隐私"等，如果孩子有这些行为，说明孩子想拥有独立的空间了。

（2）先分床。如果想从小培养孩子自己睡，最好从孩子一出生，就在妈妈的床旁边给宝宝摆放一张小床。平时可以让宝宝在床上午睡、玩耍、放上自己喜欢的玩具和娃娃等，继而习惯在自己的小床上睡觉。

（3）让宝宝参与布置自己的房间。宝宝习惯了睡小床之后，可以鼓励他布置自己的房间，比如，床单被子枕头用什么颜色的，房间贴什么画……这些都可以按照宝宝自己的喜好来，你可以不断告诉宝宝那是他的房间。刚开始可以在那里午睡，然后慢慢过渡到一周自己睡一晚，再过渡到一周自己睡两晚。

（4）在孩子睡觉前，家长可以带孩子洗个热水澡，换上干净舒适的睡衣，再给孩子讲一个睡前故事，帮助孩子缓解独自睡觉的恐惧。

（5）平时多陪伴孩子，拥抱孩子，表达对孩子的爱。

（6）有一套绘本叫《我可以自己睡觉》，可以买来和宝宝一起看。

（7）如果家里有二宝，在二宝到来的时间段，要尽量避免让大宝自己睡，否则老大会觉得爸爸妈妈喜欢二宝，不喜欢自己。

（8）即使家长什么也不做，只要夫妻感情和谐、孩子心理正常发育、安全感足，到了一定年龄，孩子也会想要自己睡。但也有例外，更多地出现在夫妻常年分居或父亲的家庭角色缺席的家庭。举个例子，有个男孩十几岁了，还要跟妈妈一起睡，经了解才知道，丈夫常年不在家，妻子一个人带孩子，表面上看是孩子需要妈妈，不想跟妈妈分开睡，其实是孩子潜意识里想满足妈妈对于丈夫陪伴的情感需要。

（9）给孩子分房，让孩子自己睡，并不是最终目的，我们的目的是培养孩子的独立性，让孩子健康成长。因此，即使孩子短时期内无法独立睡觉，也没太大关系，父母要安心享受和孩子一起睡的温馨时光，不要被"孩子6岁不分房睡以后会……"的说法吓到。

孩子有自己的成长节奏，不要揠苗助长，一切都会水到渠成！

第四节　孩子不愿意午睡，怎么办

家长提问：

2 岁多宝宝不愿意午睡，每次哄半天，又是讲故事又是听音乐，折腾了半天也不睡觉，怎么办？

云朵老师：

午睡对宝宝的重要性不言而喻。不过，"理想很丰满，现实很骨感"，宝宝很难按照书本中描述的方法长大。

在 2—3 岁的时候，宝宝会出现不愿意午睡的情况，这是一种正常现象。很多家长感到非常焦虑，担心不午睡会不会影响智力？会不会长不高？会不会妨碍性格发展？

其实，没必要如此担心。有些宝宝的神经系统已经发育成熟，更重要的是夜晚的睡眠（不是说白天小睡就完全没用）。如果孩子晚上睡眠质量好，时间充足，一整天都很精神，情绪愉快，午睡与否，真不是一件大事。

朵朵出生后，睡眠一直都比较少，大概 2 岁以后在家就基本上不午睡了，在幼儿园她是不是午睡我也没有特意关注过。升入初中后，朵朵开始住校，学校时间安排得比较紧，她说中午比较累，在学校想午睡，在家就没有睡意。

当然，这里还要注意一种情况，即午睡太多或时间过晚影响晚上的睡眠。孩子睡了午觉后，晚上入睡的时间不仅比平时晚很多，还睡不安稳，半夜有夜醒、早醒等现象，说明午睡过长已经影响到孩子夜晚的睡眠质量，这时候家长就要适当减少午睡时间。因为，对于孩子来说，夜晚的睡眠相比白天更重要。

第六章
轻松解决孩子玩耍、娱乐难题

第一节　什么时候可以给孩子玩手机

家长提问：

我女儿1岁多点，由老人带着，总给孩子看手机。孩子很喜欢看，不给看就不乐意，为了孩子不闹腾，为了自己清闲，老人干脆就让孩子看。这么大的孩子，能让他玩手机吗？

云朵老师：

我虽然知道现在的孩子接触电子产品比较早，但是1岁多的孩子，话都不会说，就开始看手机，实在太骇人听闻！我的建议是，千万不能再继续这样了，对孩子没有一点儿好处。这么大的孩子，刚学会走路，走得还不太稳，为了他们的语言和动作更好地发育，可以让他们在小区里多跑一跑，也可以骑脚踏车，或去公园荡秋千，去游乐园的滑梯上爬上爬下，或者在家里给她讲故事、看绘本、听音乐、玩游戏，绝不该给他玩手机。用这种方式带娃，只会毁了孩子！

很多智慧的家长，孩子出生后，客厅连电视都不摆放，除了玩具就是各种书，有的孩子不满 1 岁，话都说不利索，却可以背很多古诗。

我个人的建议是，在孩子 6 岁之前，视力没有发育好，最好不要让孩子玩手机。

第二节　满足孩子探索欲与保证安全如何兼顾

家长提问：

我儿子会走路后总想东摸西摸，如果不太危险，我都会让他试试。家人不理解，觉得这样太脏，而且孩子确实会乱扔乱抹，比如，把水倒在地上用手玩儿，突然站起来，就很容易摔倒。再如，我这次生病，孩子会很热心地帮忙抠药片，如果感到不过瘾，就会都抠掉，甚至想自己吃。为了不打击孩子，有时候我会拿走，他就会一直哭。如何才能在满足孩子探索欲下，进行安全引导呢？

云朵老师：

这位妈妈支持孩子探索，非常有智慧。

孩子在小的时候，对什么东西都好奇，什么都想尝试。在他们眼里，没有脏不脏、能不能玩的概念，世界上的一切对他们来说都是新鲜有趣的。探索，是孩子生下来的本能，也是他们最初的学习方式，可以让他们的大脑受到足够刺激，更有利于智力发育和将来的全面发展。

现实中，很多科学家、发明家、艺术家等都是从小就喜欢探索。而在我们身边，很多家长都担心孩子把家里弄乱了，将衣服弄脏了，或担心孩子的安全，会禁止孩子的很多行为，时间长了，孩子的积极性就会遭受打击，失去对很多事物的好奇心；等到上了小学、初中时，家长才开始烦恼他们为什么不喜欢学习是不是太晚了？

我们虽然支持孩子的探索，但孩子没有安全意识，也是一个很大的隐患。所以，家有小宝宝，一定要关注他们的安全问题。对孩子来说，自由不等于没有边界，有界限的自由会让他们更有安全感。

那么，具体应该怎么做呢？给大家几个建议：

第一，应该注意以下几点：

（1）3岁以下的孩子必须时刻有人照顾，不要让孩子出现无人看管的空档期。

（2）家中的家具要选择圆角的，宝宝的床要尽量矮一些。

（3）家中的药品要用专门的药箱锁好，刀具、尖锐物品、小硬币、各种孩子可以放进嘴里的小物品，都要藏好，放在孩子够不着的地方，坚决不要让孩子进厨房。

（4）电线插座要带保护盖，或放到孩子够不到的地方。

（5）窗户一定要做好防护栏，离地面近的窗户都要上锁。

（6）热水、放有热水的杯子，不能随意乱放，要放在宝宝不容易碰到的地方，或者在安全的情况下，可以提前让宝宝体验下烫的感受。

第二，自由探索的建议：

（1）家中设立儿童专用的玩耍区，越大越好。

（2）设立儿童可以随意涂鸦的区域，可以买一些黑板墙贴。

（3）对于在口和手敏感期的宝宝，可以提供各种东西让他们尝试。

（4）孩子喜欢手抓烂香蕉和鸡蛋的触感，就让他们去尝试吧！

（5）孩子喜欢玩水、玩沙、玩泥，让他们尽兴地去玩吧！

（6）孩子喜欢爬床底下或钻衣柜里、纸箱里，要表示支持，可以买一个小帐篷让他们躲在里面玩。

（7）孩子喜欢不停地开门关门或做一些大人认为奇怪的动作，对此也要表示支持！

（8）如果某个探索不会影响孩子健康和安全，只是大人觉得脏和麻烦，都要尽量支持！

孩子的童年只有一次，充满好奇心的探索也是珍贵的童年记忆，跟孩子得到的快乐相比，家长累一点儿、麻烦一点儿、多洗几次衣服、多浪费一点儿材料，又算得了什么呢？

第三节　孩子看到什么玩具都想买，不给买就打滚耍赖，怎么办

家长提问：

我女儿 2 岁多，只要出门，就会跟我要各种东西、各种玩具，不停地花钱，不给买就哭闹。孩子的物欲，如何引导？

云朵老师：

出门什么都想要，恨不得把超市和玩具店搬回家，多数孩子都会经历这样一个阶段，常见于两三岁的时候。

朵朵小时候也出现过这个问题。她大概是从 1 岁多开始的，每次出去看见摇摇车都要坐，有时候坐一次还不过瘾；每次去母婴店，看到各种玩具，就不想回家，想要买；看到好吃的，也想要。

有一次，朵朵看到其他孩子在吃冰激凌，故意问我："妈妈她吃的是

什么呀？这个东西是什么味道的呀？好吃吗？"我一听，就猜出了她的小心思，问她："你是不是想吃？"她点点头。

遇到这类问题，首先要接受，这是孩子的正常需求。对这个年龄段的孩子来说，"什么都想要"是非常正常的现象，如果这么大的孩子看到好玩儿的、好吃的都不想要、不感兴趣，那就有问题了。其次要认识到，孩子的需求，多数家长可能无法全部满足。孩子无法控制自己的情绪，很少有孩子会"满足不了，还乖乖接受"，没反应的孩子也极少。所以，看到家长满足不了自己，孩子感到不开心或哭闹一下，也很常见。

如何引导孩子的物欲呢？

首先，给孩子买东西要有原则，根据家庭的不同情况，可以制定不同的标准。

每次出门前，对于孩子想要的玩具，我都会做个预算，超过预算外的不买；家里已经有同款的不买；买了很快就会坏掉的不买；孩子喜欢但是品质很差的不买……如果某款玩具品质好、经典、有多种玩法，即使贵一点儿，也可以买。

如果孩子想要，在不违背原则的基础上，她说明理由后，我会痛快地答应。如果是我不打算给她买的，即使她哭闹，也不买。不过，我也不会训斥她，会静静地等待她哭完，然后抱抱她，最后回家。坚持几次之后，她就知道了即使哭闹耍赖也没用，孩子自己哭一下或不高兴一会儿，就会转移注意力。

其次，对于孩子想要的东西，即使是我们不给买，也要培养他们合理消费的理念，锻炼孩子接受被别人拒绝的能力，并不是因为孩子不配拥有自己想要的东西。

为了少花钱，有些家长会给孩子传递"我们家没钱，买不起这些""赚钱很难"等理念，时间长了，孩子就会产生不配得到的自卑感以及对于金钱的匮乏感，这对孩子成年后金钱观念会产生影响。

花钱是一种爱的表达，虽然没办法完全满足孩子的所有需求，但是在自己能力范围内教孩子从小学会合理花钱，选择好品质的东西，也能为孩子未来的幸福打下良好的基础。

第四节　孩子玩游戏上瘾，偷偷用家长手机充值，怎么办

家长提问：

我儿子 12 岁，一个月前，因为玩手机不好好写作业，我们没收了他的手机两周，我发现孩子拿奶奶的手机转账给游戏充了 200 元钱。我将这件事告诉了老公，他忍住没有打他，只是跟他谈了谈。结果，刚才我又发现孩子用奶奶手机给游戏充钱。现在，孩子已经意识到了自己的错误，想和我谈谈，怎么引导他并杜绝这种行为呢？

云朵老师：

电子游戏同任何游戏一样，作为儿童的一种娱乐方式，并不是十恶不赦。很多玩游戏的孩子都非常聪明，我们要了解清楚的是，孩子喜欢玩游戏并不断充钱的原因是什么？每个孩子的情况和需求都不一样，找到根源，才能更好地帮助孩子。

朵朵小学的时候也非常喜欢玩游戏，有一段时间，迷上了一个叫《我的世界》的游戏，她兴奋地跟我讲，同学们都在玩，她觉得不玩的话好像

跟同学没什么共同语言。现在朵朵已经上了初中，作业多了，玩游戏的时间也少了。

我以前也见过很多玩游戏不断充钱的男孩，多数是高中生或大学生，只不过如今随着手机的普及，年龄越来越提前了而已。

我跟这位妈妈进行了沟通，了解到孩子这段时间没上学，压岁钱都上交了，也没有零花钱，但是又想玩游戏，控制不住自己，最终只能"铤而走险"。

孩子已经上初中了，使用以前对待小孩子的办法可能不太合适，强势的打骂也许一时有效，但长期来看弊大于利。

对于这件事情，"堵"不如"疏"，所以我的建议是：

第一，不要忙着指责孩子，静下心来跟孩子好好谈谈。

首先，要让孩子说出自己的想法。比如，我知道你喜欢玩游戏，买游戏装备需要花钱，我也知道你用奶奶的手机充了钱，是不是这样自己心里也很忐忑不安，很不舒服？这个过程你是怎么想的？

其次，不仅可以让孩子表达，也可以提出要求。孩子提出要求后，家长先不要立刻拒绝或同意，可以同时提出对孩子的合理要求和期待，家长和孩子达成共识，共同遵守，可以以书面签字的方式来确认。

第二，告诉孩子，学习和玩儿都很重要。

不反对他玩游戏，但是不能因为玩游戏影响了学习，更不能私自用奶奶的手机充钱。

第三，孩子已经12岁，可以培养他的理财观念。

可以把孩子的压岁钱交给孩子支配，并告诉他应该怎么花。如果孩子执意要把钱花在玩游戏上，那是他的自由；但是花光了以后，就不能再用奶奶或家人的手机给游戏充钱。孩子学会理财之前，总会经历一个"乱

"花钱"的过程。家长只要给他们足够的信任和引导，他们就能不断进行调整。

第四，告诉孩子，为人处世一定要坦坦荡荡。

不要背着别人做一些事情，否则迟早会被发现。而且，自己心里也不踏实。

第五，坚定地让孩子相信，爸爸妈妈对你的爱不会变。

游戏充值是个"无底洞"，自己不懂控制，就不是"玩游戏"了，而是"被游戏玩儿"了。爸爸妈妈相信，你能处理好。

第六，家长要给孩子时间。

不要指望谈了一次孩子就能立刻不充钱、不玩游戏了，家长要有耐心，要看到孩子的进步。

第七，多观察孩子的兴趣，支持孩子发展多种爱好。

孩子的精力非常充沛，玩游戏是他们生活中很重要的一部分，要让他们把时间多分配在其他事情上，不能只沉迷于游戏。

第五节　孩子沉迷于手机游戏怎么"破"

家长提问：

不知道从什么时候起，我儿子喜欢上了玩手机游戏，整天都拿着我替换下来的旧手机玩儿。我该如何引导他呢？

云朵老师：

无论时代如何变化，喜欢玩耍都是儿童不变的天性，孩子们就是在玩耍中学习的，也是在玩耍中成长的。就连我们这一代，小时候虽然没有电子游戏，但会跟小伙伴玩一些传统游戏，且非常入迷，甚至经常忘了吃饭。

家长为什么会对孩子玩游戏感到焦虑？我总结了一下，原因主要有：

对于比较小的孩子，多数家长都担心看电子产品会让孩子视力下降，导致孩子过早戴上眼镜。

对于年龄大点儿已经上学的孩子，家长不仅担心影响他们的视力，更担心孩子自制力差，玩游戏时间太长，影响学习。

其实，电子游戏，并不是很多家长眼中的洪水猛兽。电子游戏之所以能受到孩子欢迎，一定有其独到之处，只要认真了解，就能发现，游戏可以开拓孩子视野，能够让孩子学到很多知识，可以让孩子放松下来，释放压力。研究还发现，游戏玩得好的孩子，通常都很聪明。因此，对孩子玩电子游戏，家长要有正确的认知和合理的评价，总是站在孩子的对立面去强行禁止孩子玩游戏，孩子必然会瞒着家长偷偷地玩儿。

一、孩子为什么会喜欢玩电子游戏

经过我的了解，常见的原因有以下几种：

（1）不知道玩什么，太无聊了。独生子女家里没有兄弟姐妹，平时在家里没有小伙伴一起玩，家长也比较忙，没有时间陪孩子，老人带孩子，不知道给孩子玩什么。

（2）生活单一。孩子除了玩电子游戏，没有其他爱好。

（3）交往的需要。同学都在玩儿，自己不玩儿，感觉跟别人没有共同语言。

（4）心灵的满足。孩子在家里得不到足够的爱和重视，在虚拟的游戏中，可以获得心灵的满足。

除了以上 4 种比较常见的，可能还有其他的原因，家长要注意观察，认真地跟孩子沟通，也许会有意想不到的收获呢！

二、孩子沉迷于玩电子游戏，家长应该如何做

（1）电子游戏不是"吃人的猛兽"，玩游戏没有那么可怕，家长要放平心态。

（2）可以给孩子精选一些比较适合孩子年龄段的游戏，以免他们选择不适合自己年龄段玩的游戏。

（3）多带孩子做体育运动，尤其是户外运动，可以给孩子增加远视储备，让孩子维持好视力。

（4）多发展孩子的其他爱好，孩子就不会只沉迷于玩电子游戏了。

（5）多陪伴孩子，家人之间亲密互动，也可以收集一些孩子可以玩的非电子游戏，包括传统游戏。

（6）每天拥抱孩子，对孩子表达爱，建立良好的亲子关系，培养孩子的安全感和自信心，孩子就不会去虚拟游戏里寻找自我价值和存在感了。

第六节　高二男孩玩电子游戏不想学习，怎么办

家长提问：

我儿子今年上高二，明年就要高考了，可是他还不着急。新冠肺炎疫情期间在家一直玩游戏，现在开学了还是这样，作业也不好好做。跟他说，他也不听，我非常着急啊！怎么办呢？

云朵老师：

遇到这样的孩子，家长一定会很着急，但这种着急多半都是多余的。

这个年龄的孩子已经独立，什么都懂，如果他不愿意听家长的，不想沟通，即使家长说得再有道理，也没有用，采用强制措施来阻止他玩游戏，更会适得其反。那么，应该怎么办呢？可以间接使用一些办法。

首先，了解一下孩子有没有关系比较好的同学或朋友，或比较喜欢的老师，或亲戚中比较尊重的人。找到合适的人选后，父母跟"中间人"详细说一下孩子现在的情况，让中间人以朋友的名义侧面了解一下：孩子为什么不想学习？是不是遇到了什么困难？需要什么帮助？未来有什么打算？等等。

其次，孩子虽然不愿意跟家人说心里话，但也许愿意跟别人说。了解了孩子的想法之后，才能有针对性地帮他们。

如果孩子确实不喜欢学习，用玩游戏来逃避，家长也不要生气，更不要说"不好好学习，考不上大学，这辈子就完蛋了"这种话。越是这种时候，越要跟孩子站在统一战线上，告诉孩子："无论你学习好不好，无论你是不是能考上大学，在我们眼里，你都是好孩子，我们对你的爱都是一样的。不上大学也没关系，人生路还长着呢，你已经长大了，即将成年，要为自己的选择负责。爸爸妈妈很爱你，希望可以帮助你，你希望我们怎么帮你呢？无论你怎么选择，我们都支持你。"

孩子们都喜欢这种家长，任何孩子都不会拒绝父母的爱，家长要停止对孩子施加压力的做法，"后撤"式表达对孩子的爱和信任，反而更能激发孩子的内在动力，让他们去思考人生。

我有一个同学，以优异的成绩考上大学后，沉迷于游戏不上课，多门功课不及格，最终被留级。后来，他痛定思痛，奋发图强，虽然晚一年毕业，但毕业之后的工作和生活都很不错。

孩子的成长都不会一帆风顺，年轻时走一些弯路，即使去试错也没什么，一切都还来得及。父母要淡定从容一些，用强压逼迫孩子，甚至说一些极端难听的话，不但会对亲子关系产生影响，伤了孩子的心，还会让孩子觉得父母只关心他的成绩，只关心能否考上大学，不关心他的内心，不在意他的感受，继而变得逆反，甚至步入歧途。

第七节　网瘾少年越来越多，如何提前预防

家长提问：

我儿子马上就要上高三了，每天只吃一顿饭，除了玩手机，对其他任何事情都不感兴趣。他是爷爷奶奶带大的，现在连爷爷奶奶的话也不听，父母的话更不听了，孩子也不想跟人沟通。全家人都很着急，怎么办？

云朵老师：

从概率上来看，在电子产品随处可见、信息化时代的社会大环境下，每个孩子都可能成为网瘾少年。当网瘾少年遇到青春期，尤其麻烦。家长不知道如何跟孩子沟通，孩子又很有主见，如果使用过激的手段，又可能会让孩子做出极端行为，离家出走甚至自杀。

为了预防孩子成为"只喜欢看手机、对其他事情都不感兴趣、不愿意跟家人沟通"的网瘾少年，家长可以这样做：

一、建立良好的亲子关系

良好的亲子关系是教育的基础和前提，沟通效果的好坏 30% 取决于内

容，70% 取决于情绪。如果你跟孩子关系不好，孩子内心不认可你，即便你是大学教授，也教育不好孩子；即使你说得有道理，沟通的氛围不好，孩子也会在情绪上跟你产生对抗，不愿意听你的话。

从这个意义上来说，亲子关系的好坏决定着跟孩子沟通效果的好坏。在整个教育行为中，必须把亲子关系作为重点。

二、多陪伴孩子，增加亲子互动

根据以往的咨询经验来看，多数网瘾少年都是从小被老人照看，父母缺席比较多，孩子感受不到父母的爱和关心，内心空虚孤单寂寞，只能在虚拟的网络中寻找安慰。等到父母回过神来发现孩子表现不理想，开始关注孩子时，孩子自然不愿意跟你沟通了。

孩子小时候尤其是一两岁的时候非常黏人，很多家长会觉得很烦，事实上，如果这时期不陪伴孩子，等孩子到了青春期，你想陪孩子，他们都未必需要你。随着年龄的增长，他们更需要的是同龄人的沟通和交往。

孩子成长的过程，就是父母与孩子渐行渐远的过程，且陪且珍惜吧！

三、培养孩子的多种爱好

多数网瘾少年除了玩手机没有其他爱好，不玩手机不知道做什么，感觉不到生命的意义和美好。习惯了玩手机的轻松愉悦，就更不愿意动脑筋了，也不愿意花时间在需要动脑和枯燥的学习上。

为了预防孩子出现这种情况，就要有意识地培养孩子的多种爱好，如读书、运动、唱歌、跳舞、画画、下棋、手工、聊天、旅游、品尝美食等，家长要注意观察孩子，看看孩子喜欢什么，然后给予支持和指导。

爱好广泛的孩子，也会喜欢玩手机，但不会出现不玩手机就不知道做什么的极端情况。

四、约定好使用手机时间，并严格执行

在玩手机这件事上，很多成年人都无法控制自己，更不要说孩子了，完全指望孩子的自制力是不太现实的，在孩子自控能力还没那么强的时候，需要家长的帮助和监管。因此，家长千万不要把手机交给孩子就放任不管了，孩子一旦沉迷于玩手机，且随着年龄增长有了自己的想法后，想要再收回就难上加难了。

最后，把著名作家连岳的文章中的一部分内容送给大家：

孩子沉迷手机，这个问题发现了一定得解决，否则沉迷只会加剧，越来越难以解决。手机作为最重要的工具，不可能从世界上消失，它只会日益先进，让人更难以离开。

所谓的教养，就是一边教育一边养育，是从外而内的他律与影响，最后变成自律与输出。认为孩子自己可以抗拒一切诱惑，给他快乐就行，那不过是迎合无知与偷懒。

什么叫作监护人？就是未成年孩子的一切行为都在你的监督保护之下，当然包括他怎么使用手机。手机由你保管，开机密码你掌握，每天在你的监督下使用固定的时间，这样他就不可能沉迷。为了讨好孩子，不敢管教他，孩子很快就会知道你是一个意志软弱没有原则的人，耍赖、威胁的本事就会越练越强。

在与孩子的拉锯战中，孩子会长自制力，你也会长，至少你自己不敢沉迷手机。孩子即使当时不能理解，以后也会感受到，这是一种最深沉的爱。

性格、心理素质培养篇

第七章
0—3岁性格、心理素质培养

第一节　1岁半男孩喜欢发脾气摔东西，怎么办

家长提问：

我儿子今年1岁半，总喜欢发脾气，有时还摔东西，我该怎么引导？

云朵老师：

1岁半的男孩，多数说话都不利索，只会一些简单的称呼，他们也有自己的喜怒哀乐，只不过无法准确表达。高兴了就笑，不高兴了就哭或发脾气，这个年龄段的孩子都是如此，不用大惊小怪。

对待四五岁的孩子，可以给他们讲道理，比如，你不能发脾气，这样是不礼貌的。可是，对于1岁半的孩子，给他们讲道理只能是"对牛弹琴"，家长"以暴制暴"，打骂、大吼孩子，更没必要。

孩子被打骂、被大吼之后，只会觉得爸爸妈妈可怕，根本不会反思自己哪里做错了。他只是个小宝宝，还不具备反思的能力！

对于这种孩子，讲道理行不通，"以暴制暴"更不行，那到底应该怎么办呢？

一、在孩子发脾气时，进行冷处理

1岁半的孩子力量有限，即使发脾气，造成的破坏力也比较小，家长完全可以控制。比如，看到孩子要发脾气时，就把他抱到单独空间，陪陪他；也可以转移他的注意力，让他冷静下来。只要家长心平气和，不暴怒不焦虑，孩子很快就能安静下来。家长也不用担心孩子长大了会变本加厉，要以动态的眼光看待孩子。

二、可以给宝宝买一些摔着玩的玩具

孩子这样做，不一定是搞破坏，只不过是想引起大人的注意罢了，可以用安全无害的方式，让孩子把强烈的情绪释放出来。

三、家中的布置要合理

家里有小孩的，要给他们提供足够大的玩耍空间；同时，还要将贵重物品、易碎物品、危险物品等锁起来，不要给宝宝提供摔坏物品的机会。孩子出生后，可以将整个客厅空出来，不放电视，不放茶几，最多留个沙发，尽量把大的空间留给孩子做玩耍区和阅读区。

四、多带宝宝进行户外活动，消耗体力

男孩精力太旺盛，多余的精力无法释放，就容易在家里"搞事"，所以不要将男孩圈养在家里，一定要多带孩子在户外活动，如疯跑、骑小车、去儿童乐园爬上爬下、蹦床、荡秋千等，都是不错的方式。多余的精力得到释放，孩子不仅开心，更不容易发脾气。

五、多跟孩子表达爱，多拥抱孩子

孩子脱离妈妈温暖的子宫来到这个世界上，最需要来自父母的爱和肯定，3岁前的孩子最重要的就是建立安全感。无论男孩还是女孩，都要经常看着他们的眼睛，跟他们真诚地表达爱，给孩子温暖的拥抱和身体抚触，这是给孩子最好的礼物。被爱滋养的孩子，也会慢慢学会如何给

予爱。

六、身教胜于言传，给孩子做好榜样

孩子在不会说话的时候，就开始模仿大人的行为了。家长情绪不稳定，家庭氛围不和谐，孩子也会有样学样，因此，父母不要当着孩子的面吵架，更不能动不动就发脾气、摔东西等。

七、陪宝宝一起阅读绘本

对于 6 岁以下的孩子，除了大量的户外活动，最好的教育就是给孩子读绘本，既可以增进亲子感情，又可以提高孩子的阅读能力，还能为孩子将来上小学打基础。

根据孩子的年龄段，绘本主要分为认知启蒙、行为养成、亲子互动等类型，家长可以根据孩子的年龄和需求来选择。绘本的价格较贵，也可以到专门借阅绘本的机构为孩子挑选，价格比自己购买要划算很多。

在朵朵小时候，我很少跟她讲道理，如果她遇到了问题，而我又暂时无法解决时，我会找一些绘本或书籍给她读，不知不觉在绘本中就解决了问题。朵朵现在 12 岁，已经形成了正确的价值观，她善良正义，喜欢帮助同学，又有自己的锋芒，知道如何保护自己，让我感到非常欣慰。

第二节　怎么让1岁半儿子独立玩不黏人

家长提问：

我是一个 1 岁 4 个月男孩的全职妈妈。我儿子现在每天都非常黏我，只要醒来，就要拉着我的手陪他到处走，我根本没有时间做自己的事，请

问，我该如何让他自己玩？

云朵老师：

想让 1 岁 4 个月大的孩子自己玩儿，实在太困难了！而且，这么小的孩子什么都不懂，让他自己玩儿，家长还要担心安全，需要时时看护。

如果不想一直陪着，可以花钱请个阿姨。孩子黏大人的时间很短，3 岁以后送幼儿园就好了。

第三节　2岁多男孩喜欢穿裙子，怎么办

家长提问：

我儿子现在 2 岁多，觉得穿裙子可美了。我给他买了条睡裙，他高兴坏了。可是，他爸爸不高兴，觉得不应该让男孩穿裙子，怎么办呢？

云朵老师：

穿裙子并不是女生的专利，中国古代的男人也穿长袍、"下裳"，近现代为了运动和打仗的方便才开始渐渐减少，现在很多少数民族的男士也穿裙装，所以认为只有女孩才能穿裙子的想法是狭隘的。

其实，我也明白这位爸爸的心理，主要是担心男孩穿裙子会比较"娘"，不像男孩。这种心情可以理解，但是需要转变思维。对于 5 岁以下的孩子，没必要强行给他们区别性别意识，不要对他们进行太多的约束。抱有"你是男孩，不能哭，要坚强，不能穿裙子""你是女孩，不能像男孩一样到处乱窜，没有女孩子样"等观念，会限制孩子的个性发展。

2 岁多的男孩穿上睡裙觉得自己很美，既没有错，也不会伤害谁、影

响谁，既然孩子喜欢穿，就让他穿，从孩子 2 岁开始就担心孩子 20 年以后的事，简直就是杞人忧天。

孩子觉得自己穿裙子很美，另一方面也说明，孩子心理发育到了一个"审美敏感期"。孙瑞雪在《捕捉儿童敏感期》中提到，审美敏感期是螺旋式发展的，从对吃的东西要求完美、完整，到对所有东西要求完美、完整，再到对自我的形象要求完美，最后上升到对环境、对内在气质、对艺术品质追求完美。

不仅是女孩，男孩也会出现审美敏感期。在审美敏感期，如果家长没给孩子提供这方面的教育和环境，用刻板的思维限制孩子，反而会影响孩子一生的气质和审美能力。

在孩子出现审美敏感期信号时，家长应该怎么做呢？

一、让孩子多看一些美的东西

可以陪孩子去欣赏美丽的花朵、蓝天白云、青山绿水；可以观察插花、观赏画作；可以让孩子画画、玩拼图游戏，培养孩子对"美"的感受；可以让孩子观察同龄人的穿衣打扮，让孩子思考如何穿会比较得体、如何穿会显得怪异等。

二、启发孩子思考，开拓思维

可以问问孩子："你为什么觉得穿裙子美呀？裙子分很多材质，棉的、雪纺的、纱的，长的、短的，还有各种颜色的，你觉得哪一种最好看呀？"

可以鼓励孩子，跟孩子一起把裙子画出来。

可以给孩子看看古人、外国人、我国少数民族的穿戴视频或图片。

通过这种启发，让孩子对裙子以及更多的服装样式，有更多的了解，思维得到拓展，先在孩子的心里种下种子，说不定长大后还能成为服装设计师呢！

三、引导孩子发现自己的美

男孩之所以觉得自己穿裙子好看，还有一种可能是看到有的女孩穿裙子得到了大人的夸奖："像个小公主"，而男孩很少得到此类表扬。父母可以从生活中引导孩子，告诉他，每个人都有自己独特的美；同时，引导孩子发现自己的美或者环境的美。

第四节 孩子跟其他小朋友玩总是吃亏，怎么办

家长提问：

我儿子2岁，邻居有个4岁的小姐姐，儿子去小姐姐家玩的时候，总是抢人家的玩具，说"这是我的"。不过，小姐姐很懂事，总会拿出自己的玩具让我儿子玩。但即便如此，我儿子也不喜欢小姐姐来我家玩，有一次甚至将人家挡在门外不让进。同时，还有一个3岁的小哥哥，有很多玩具，却不让我儿子玩，还会凶我儿子，可是我儿子却愿意让他来家里，跟他分享自己的玩具。去哥哥家，就老老实实的，只要人家不让他玩玩具，他就不敢动。

孩子对小姐姐和小哥哥的态度截然不同，我简直无法理解！

云朵老师：

看到这个问题，我竟然不合时宜地想到一句话："得不到的永远在骚动，被偏爱的都有恃无恐。"虽然这句话说的是成年人的爱情，用在这里并不合适，但既然成年人都会如此，更何况是2岁的小朋友？可能连他们自己都不清楚为什么，只是凭本能跟小朋友玩耍。

孩子喜欢让小哥哥来家里玩而不喜欢小姐姐来，一定有自己的道理，如果家长想知道，可以找机会多观察一下他们的互动，也许就能找到原因。即使找不到原因，也不必纠结，孩子虽然只有2岁，但他有权利决定自己跟谁玩、邀请谁到家里玩、跟谁分享玩具、分享哪些玩具。

　　这个妈妈的纠结点在于，那个小哥哥对自己儿子不太友好，觉得儿子在"吃亏"，心里不太舒服。而另一个小姐姐明明对儿子很好，儿子却不欢迎，妈妈心理更不平衡了。我倒觉得，男孩的表现没问题，还能把握边界感，知道跟别人分享玩具，但不能分享的，还懂得拒绝。

　　3个孩子都很正常，没什么问题，儿子喜欢跟谁玩，父母不要干涉太多，喜欢就多玩儿，不喜欢就少玩儿。既然儿子不喜欢小姐姐来家里，就不要邀请，不用为了顾及大人的面子而强迫孩子；更不要担心儿子跟小哥哥一起玩会吃亏，既然孩子喜欢，一定有他的道理。

　　孩子一起玩耍也是学习社会交往的一种方式，两个小孩子一起玩儿，无论是同一个家庭的，还是邻居家的，偶尔发生冲突打闹都很正常。如果孩子不求助，大人尽量不要干涉；即使孩子求助，也不能主观地判断哪个应该让着哪个，应该和平协商，教孩子用合理的方式解决矛盾。

　　孩子的成长环境并不是真空的，周围的人不可能像父母一样给他无限的包容，需要学会跟各种各样的人相处，小哥哥有自己的原则，与之相处，可以让儿子不那么任性，也能学到很多东西。

第五节　3岁女孩害羞怕陌生人，怎么办

家长提问：

我女儿马上就要 3 岁了，在家里活泼可爱，可是在外面遇到人，让她打招呼，她就往后躲。如果有人说她很可爱，她不但不理人家，有时还会突然大哭。眼看就要上幼儿园了，我很担心，如何让害羞怕生的宝宝变得落落大方呢？

云朵老师：

看到这个问题，我立刻想起了自己的女儿。

朵朵小时候也是这样，不过现在的性格活泼开朗了很多，跟男女老少都能聊天，即使是遇到陌生人，也能很快变成朋友。在她小时候，我也对她的性格表示过担心。

3 岁上幼儿园之前，朵朵在家里会唱唱跳跳，会自己编儿歌逗全家人开心，可是一到外面就完全相反，不仅不跟同龄的小朋友一起玩耍，别人逗她，也不给面子，总是大哭。

有一次，我的一个朋友带着孩子来找我们玩儿，结果朵朵看到我跟朋友的小孩说话，就开始哭闹，搞得我们两个大人都很尴尬，朋友也很快就离开了。那时候，我最发愁的就是她的这种性格，担心她上学怎么办？长大后如何在社会上立足，如何与人交往？看看我当初写的日记，你们就能了解了：

今天是 25 日，朵朵 25 个月了。在过去的两年多时间里，困扰我比较多的一个问题，就是朵朵胆小怕生。

朵朵 2 个月时开始认人，除了妈妈和奶奶外，连爷爷都不让抱。虽然奶奶经常会带他去邻居家串门，情况也没有得到改善。只有个别人，她会让人家抱一会儿。

朵朵 8 个月时，我们带她来北京，一直到今年 2 月（1 岁 6 个月），只要家里来了陌生人，她都会哭得天翻地覆，直到人家离开。在外面玩，别人逗她一句，她也会哭得厉害。跟其他小朋友玩儿，就更不乐意了。人家一到她跟前，她就会躲开；一碰她，就会吓得大哭。最严重时，只要一看到小朋友，就躲着走。

除了胆小怕生，朵朵还非常黏妈妈，只要妈妈在家，就寸步不离地跟着妈妈，什么也不让干，生怕妈妈跑了似的。曾经有段时间，我感到非常担心，为了找到答案，我看了一些育儿书，也跟一些有经验的妈妈聊天。

……

我慢慢调整自己的心态，有了一些自己的育儿领悟，那就是，接受孩子的现状，给孩子创造与他人交往的环境，慢慢等待孩子成长。在我调整自己心态的同时，朵朵每天也在不知不觉进步。上了幼儿园之后，朵朵的性格变得越来越开朗，连我都觉得匪夷所思。

因此，我觉得面对孩子的这个问题，家长的心态非常重要。家长要接纳孩子的现在，不要太把自己的面子当回事；也不要给孩子贴标签，更不要在家人朋友面前强化"这孩子就是害羞怕生"等。如果你想让宝宝跟陌生人打招呼，可以找些关于讲礼貌的绘本给孩子读，同时多给孩子做示范，教会他们如何与别人打招呼，但是绝不要勉强。

每个孩子的发育和成长的节奏都不一样，孩子只要在家里活泼可爱，就没什么问题。3岁之前的孩子，多数都沉浸在自己建构的内在世界，还不了解成人社会的规则，只有建立了对这个世界的安全感，他们才会把目光转向外在世界。这个时期孩子不喜欢跟陌生人接触，并不代表以后一直会这样。家长反复强化并勉强孩子做不喜欢的事情，结果很可能会适得其反。家长淡定地接纳孩子的现在，不焦虑，不担心，别太当回事，孩子反而会越来越好。

第六节　3岁孩子总喜欢说"打死你"之类的话，怎么办

家长提问：

我儿子今年3岁，到了诅咒敏感期，总说"打死你"之类的话，该怎么引导？

云朵老师：

我女儿在这个年龄的时候也遇到过这类问题，会说一些恶狠狠的话，让大人觉得很不舒服。只不过我知道她在经历什么，也就没太在意，果然不出我所料，这种情况很快就过去了。

很多孩子之所以会在这个年龄有这种表现，主要是因为他们已经学会了说话，已经掌握了多数日常用语，在跟其他小朋友玩儿或看动画片时，听到过别人说这样"恶狠狠"的话，觉得非常好玩儿。如果他们跟家长说

了，引起了家长的强烈反应，他们就会更加兴奋，体会到这种语言带来的强烈的力量，就会乐此不疲。

这个年龄的孩子还不能区分哪些语言得体、哪些语言不得体，但是他们可以区分哪些语言和行动能引起大人的强烈反应和关注。如果宝宝突然不高兴地说"我打死你"，家长不要觉得很"受伤"，更不要大声责骂斥责宝宝，否则你的愤怒会吓到他，他们不知道发生了什么，只会记得你发怒的样子，这对于问题的解决没有任何好处。

你可以用温柔坚定的语气，对孩子说："听到你这么说妈妈不开心，以后不要这样说了，好吗？"然后，迅速地把这件事忘掉。

在孩子成长过程中，会做出很多不妥当的行为，只要正确引导，少些责骂和指责，不进行负面强化，相信这些行为很快就会消失。

第八章
3—6岁性格、心理素质培养

第一节　5岁半孩子喜欢发脾气，怎么办

家长提问：

我女儿今年5岁半，平时心情好时就是一个小美女，但只要有一点儿不顺心，就会大发脾气，眼睛上翻着瞅人。如何才能引导她改了这个爱发脾气的坏习惯呢？

云朵老师：

在孩子成长过程中，很多孩子都会发脾气。原因不外乎这样几个：

第一，孩子正常提出自己的需求，父母可能不会满足，但只要孩子大发脾气，父母就会妥协，经历几次之后，孩子就知道自己只有发脾气才能得到自己想要的，之后就会将发脾气当成实现目的的一种手段。如果是这种情况，家长就要明确一个原则，即可以答应孩子的，不要等孩子发脾气了再妥协；不能答应孩子的，要温柔而坚定地拒绝，即使孩子发脾气，也不要答应。

第二，孩子有烦恼，不知道如何排解自己的不开心。在孩子成长过程中，即使父母做得再好，也不可能保证孩子永远心情好。所以，烦恼也是

他们人生的一部分。在孩子心情好的时候，可以跟他聊聊天，给他讲个故事，同时提问："如果有个小朋友心情不好，他应该怎么做呢？"然后，引导孩子进行思考。同时告诉他，不仅是你，爸爸妈妈有时候也会心情不好，这时候你可以看电视或出去玩儿；也可以让妈妈给你做点好吃的，甚至自己静静地待一会儿；还可以给孩子看一些关于情绪管理的绘本或让他听一些类似的故事。

第三，父母或老人比较喜欢发脾气，孩子耳濡目染，有事没事的，也会发脾气。

那么，孩子发脾气时，家长应该怎么做呢？

首先，家长要保持心态的平和，不要试图跟孩子讲道理，因为这时候的他们根本就听不进任何道理。更不要用吼骂等"以暴制暴"的方式来阻止孩子，否则只会让孩子感到更加伤心和愤怒。家长和孩子都很气愤的情况下，什么问题也解决不了。

接着，将孩子带到一个单独空间，问问他发生了什么？如果孩子愿意说，就平心静气地倾听。如果孩子不愿意说，就静静地陪伴他，既不要训斥，也不要唠叨，要站在孩子的角度考虑问题，先处理情绪再处理问题。孩子的情绪来得快去得也快，前一秒还大哭大闹，后一秒可能就阴转晴了。等孩子心情好了，再跟他聊天。随着孩子年龄的增长，五六岁以后，他们就不会总发脾气了。

我女儿小时候有一阵子也经常发脾气，早上起来没睡醒发脾气，作业太多了也发脾气……我通常都会用这种方法来引导，后来她还学了几句顺口溜："天上飘来五个字儿，这都不是事儿！是事也就烦一会儿，一会就完事儿！"如今，即使心情不好，她自己也能在几分钟内迅速调整过来。

其实，有时候发脾气也不完全是坏事，而是孩子保护自己的一种手段，如孩子在外面，自身利益受到侵犯时，偶尔发一次脾气，倒可以起到威慑对方的作用。

有一次，朵朵打电话给我说，班里同学都开玩笑嘲笑她。我告诉她："你不要怕，你又没有做错什么，你可以严肃地大声告诉那个同学：'你这样做，我很不高兴！我希望你以后不要这样了！'"朵朵接受了我的建议。那个同学本来只是闹着玩儿，结果第一次看到朵朵这么严肃吓人，果然就收敛了。

第二节　孩子性格太软弱，被抢玩具也不知道还手，怎么办

家长提问：

女儿出去玩时，其他小朋友总是抢她的玩具或者推她。看到自己喜欢的玩具被抢了，我女儿不会反击，只会哭，不懂得抢回来。有些专家说，孩子之间的冲突要让他们自己解决，父母不能替她出头，但是看到她的样子，我又心疼又生气。为了让她强硬起来，我们在家里已经模拟了很多次，爸爸妈妈故意抢她玩具、打她，让她反击。结果，她都知道抢回来，知道还手，但只要一到外面，又会变得非常软弱。我们该如何教育她呢？

云朵老师：

这位妈妈的心情可以理解，但做法欠考虑，尤其是还在家模拟"战场"，通过爸爸妈妈抢孩子玩具、打孩子的方式，教孩子学会反抗，有点儿矫枉过正、紧张过度了。孩子本来没什么事，继续这样"负面强化"下去，孩子不仅不会变得更勇敢，反而更容易出现心理问题。

孩子在外面玩儿，被小伙伴抢玩具，不会反抗，说明孩子性格比较温和，不强势。自己的东西被抢了，孩子自然会不开心，只不过，他们还没有

足够的力量去反抗。看到自己的玩具被抢，孩子会哭或不开心，但"哭而不伤"，他们的内心是不会受伤害的，转眼就会忘掉，下次还会一起玩儿。

其实专家说"不让家长插手"的本意是，本来不是大事儿，家长不用太在意。这位家长虽然控制住了自己"不插手"，但内心依然很在意，甚至还特意在家里给孩子模拟"战斗"现场，生怕孩子受欺负。

教育行为要以结果为导向，既然没有取得理想的结果，说明方法是不合适的，需要调整。

我的建议是，这不是什么大事，不要太在意，偶尔的冲突，孩子不会受伤。随着年龄的增长，孩子的内心会越来越强大，就能慢慢学会维护自己的权益，要给孩子时间。如果某个孩子确实每次都非常强势，经常"欺负"你的孩子，可以直接忽视他，不跟他玩。孩子之间也存在一个能量气场的问题，只要有小朋友跟孩子一起玩就行，不需要跟每个孩子都合得来。

另外，千万不要在家模拟"战斗"了，对孩子没有任何好处，反而更容易给孩子造成心理阴影，可以多引导孩子如何更开心一点儿。

第三节　孩子做事情很容易放弃，挫败感强，怎么办

家长提问：

我女儿刚上幼儿园，学校要求小朋友们在家里练习穿衣服，她练习了几次，依然穿不好，她就不穿了。家人给她示范，她还生气了，也不愿意跟着学；练习几次没做好，她就发脾气，放弃了。我们都想教她，但她就是不愿意学。她这是在逃避问题吗？我该怎么办？

云朵老师：

做事的时候，如果反复做了几次，都没做好，就会放弃。这种现象不仅仅发生在孩子身上，成年人也存在这种现象。很多成年人在做事情时，只要一两次没做好，就觉得自己不适合，不敢尝试了。我们可以把这种现象称为"挫败感强"。家长首先要认识到，在3岁半的孩子身上出现这种现象，非常正常，不要觉得孩子有问题。

要想让孩子将一件事坚持做下来，并不容易，那么如何引导帮助孩子呢？

（1）多给孩子讲故事，比如讲爱迪生试验了几千次才发明了电灯的故事等，不要强求他们立刻就能理解并做到，要将励志故事像种子一样扎根在他们的心灵，给他们力量。

（2）跟孩子分享家长的成长经历，比如自己以前不会开车，练习了多少次才学会；自己以前不会做饭，做了很多次才做好；自己以前工作总是出问题，经过后来的练习和完善才越来越熟练。此外，还可以将自己在日常生活中的尝试过程拍成视频，让孩子看。身教胜于言传，孩子虽然不喜欢听你讲大道理，但会观察、模仿你的行为。

（3）家长不要有功利心，不要要求孩子将事情做得十全十美。有些事情，只要参与了、经历了、体验了，就是一笔人生财富，要将结果看淡一些。

（4）孩子平时各方面表现很优秀，遇到问题，如果家长导向不正确，他们也会放弃。因此，不要让孩子觉得只有优秀才能得到家长和老师的喜欢，要告诉孩子，不管做什么，尽力了就好，即使没做好，爸爸妈妈也依然爱他。

我相信，只要正向引导孩子，他们就会朝着你期待的方向发展，内心也会越来越强大。

第四节　孩子总是搞破坏，怎么办

家长提问：

我儿子今年 4 岁，喜欢搞破坏，他的玩具没有一个是完好的，都缺胳膊少腿，即使是刚给他买的小汽车，没过两天，也会被他拆成一堆零件。有时候，他还会拆家里的闹钟。不管什么东西，只要一到他手里，就能搞坏，要怎么引导呢？

云朵老师：

4 岁的男孩，家长看到的是"搞破坏"，我看到的却是孩子有很强的好奇心，喜欢动手，喜欢探索，是一种很可贵的品质。将这些品质一直保持下来，孩子长大以后很可能会成为科学家、物理学家或者发明家。所以，不要把孩子的这种行为看成故意搞破坏。

其实，孩子并不是故意搞破坏，有些玩具是他自己不小心弄坏的；而有些玩具对孩子产生了吸引力，他们好奇想要拆开看看里面有什么？都是怎么构成的？强行阻止孩子，反而会让孩子失去探索和好奇的机会。

针对这种情况，该怎么办呢？

（1）家中贵重物品，被孩子弄坏了会心疼，可以放到专门的保险柜里收好或放到其他地方锁起来。

（2）玩具本来就是买给孩子玩儿的，就不要在意孩子怎么玩儿，也不必为了保持玩具的完好无损而管住孩子的手脚。

（3）不要唠叨孩子"你又搞破坏"，可以换一种说法，如"宝贝又在搞研究"。

（4）鼓励孩子多动手、多研究，可以买动手类的书籍，开拓孩子的思维；还可以报名相关的课程，比如，有些机构会开机器人课，就涉及器材的拆解和组装，同时还能锻炼孩子的表达能力。

（5）给孩子买可以拆卸组装的玩具，从简单到复杂，让孩子反复拆装。

（6）为孩子提供更多动手的机会，肯定孩子在这方面的优势，孩子自然就会变得越来越优秀！

第五节　6岁孩子说谎，怎么办

家长提问：

我儿子6岁，做错了事，从来都不承认，有时候还说谎骗人，怎么办？

云朵老师：

不管做任何事，孩子都是有动机和原因的，要站在孩子的角度想一想，孩子为什么会说谎？

第一种可能：为了逃避惩罚。

有些家长对孩子管得比较严，孩子知道自己做错了事会受到惩罚。也许，这个惩罚在大人看来没那么严重，但孩子依然很畏惧。为了逃避惩罚，为了躲避大人的责骂，他们就会选择说谎。从这一点来说，这也是孩子自我保护的反应。家长首先要反思一下，看看自己平时是不是对孩子太严厉了，是不是经常打骂惩罚孩子，孩子是否愿意跟你说心里话。孩子之所以说谎，并不是因为他们很坏，他们并不想伤害其他人，父母要详细了解情况，然后告诉孩子应该怎么弥补，且将主要精力放在后续问题的处理上。要宽容对待孩子，有时也可以大度地开个玩笑，让孩子的自尊心得到保护，他们就会感谢你。家长要反复向孩子强调，无论做错了什么，爸爸妈妈都是爱他的。

第二种可能：孩子需求得不到满足，为了满足自己的需求。

孩子如果为了满足自己的需求而说谎，家长不要立刻答应，也不要一口拒绝，可以先仔细询问一下孩子原因，如果孩子能够说服你，就答应；反之，就拒绝。不过，即使拒绝孩子，也要温柔坚定地拒绝，同时将原因告诉孩子。

第三种可能：无伤大雅的"编造"。

年龄较小的孩子分不清现实和想象，有时候会把理想当成现实。比如，有个孩子经常跟别人说他爸爸是警察，其实他爸爸只是个普通职员。也许在小小的孩子的心目中觉得称爸爸是警察可以给他带来安全感，别人自然也不敢欺负他。

这种孩子的思维一般都比较敏捷，想象力也比较丰富，遇到这类问题，不要拆穿和纠正他们，只要笑一笑即可。同时，要有针对性地找到孩子说谎的根源并消除掉，随着孩子年龄的增长，这种现象慢慢就会改善了。

一看到孩子说谎，就担心孩子会变坏，这就有些杞人忧天了。只要家长三观正，靠谱，值得信任，孩子也不会差，因此不管什么时间、什么地点、发生了什么，都要对孩子有信心！

第六节　6岁孩子每天都哭好几次，是不是有心理问题

家长提问：

我女儿现在6岁，每天都要哭好几次，有时对我们说的话不满意，也要哭。有时我生气了会说"你再这样我就不喜欢你了，不要你了"之类的话，结果她哭得更厉害。她是不是有什么心理问题啊？

云朵老师：

爱哭是不到4岁孩子的常有表现，孩子6岁了还爱哭，说明她虽然生理年龄6岁，但心理年龄还不到4岁。其实，她也不想哭，但因为缺少安全感，内心脆弱，只要不开心，就想哭。

这种情况在成年人身上也经常出现，比如，恋爱中，如果男孩说："你再这样，我们就分手，我就不要你了。"女孩也会觉得没有安全感，也会整天不开心，也会哭。解决方法很简单，多赞美肯定孩子，多拥抱孩子，每天不断地告诉她"你很爱她"，也不要说"换个孩子"什么之类的话，否则孩子会当真，因为小孩最怕被父母抛弃。

在每个孩子的成长过程中，都要经历很多次的肯定，才能建立充足的自信和安全感。等孩子的内心需求被满足了，就不会动不动就哭了。

第七节　孩子做错事不肯认错，喜欢推卸责任，怎么办

家长提问：

我家孩子今年6岁，有时候做错事了，死活不肯承认，也不道歉，像是在推卸责任，我很担心他以后会一直这样。如何才能帮孩子改正这个缺点呢？

云朵老师：

不肯认错分两种情况：一种确实是孩子的错误；还有一种是大人冤枉了孩子。比如，老大跟老二发生了冲突，有的家长会理所当然地认为是老大的错，但很可能错在老二。遇到这种情况，家长要仔细问清楚，无论家里有几个孩子，都要给孩子创造一个公平的环境。

这里，我们重点说说第一种情况。孩子明明做错了，却死活不承认，并不代表孩子品质不好、喜欢推卸责任。

就连我小时候，甚至在30岁之前，知道自己做错了，也不会口头道歉，俗称"嘴硬"。当然，这种性格也让我吃了不少亏。后来，在一本书上看到一句话："内心强大才能道歉，内心更强大才能原谅。"我瞬间被点醒：有的人明明知道自己做错了也不承认错误的原因，就是不自信、不够强大。好像只要道歉了，就会显得自己比较差，所以只能死守这道防线，像"掩耳盗铃"一样。这种心理看来很可笑，但确实存在。

后来，我越来越自信，反而不怕承认错误了，懂得自己承担责任，即使有些事做得不合适，也不会否定自己。

这段本来应该在小时候就完成的心路历程，我经历了很多年才完成。

同样，孩子做错事了，死活不承认、不道歉，其实他们在乎的并不是自己的面子，而是担心爸爸妈妈不爱他了。因此，为了减少孩子做错事不承认的现象发生，家长可以这样做：

（1）孩子做错了事情，家长批评孩子要注意方式和方法；

（2）语气要温和，把关注点放在"下次怎么做会更好"上；

（3）要就事论事，不要翻旧账，也不要因为一件事延伸到去指责、否定孩子这个人；

（4）反复告诉孩子，他只是这件事做得不够好，爸爸妈妈对他的爱永远不变；

（5）如果孩子暂时没办法口头承认和道歉，但行动上已经有所表示，就不要勉强孩子，要给他时间，让他慢慢成长；

（6）在合适的时机，家长可以通过一些事情为孩子进行示范，身教胜于言传。

其实，孩子当下是不是口头道歉和承认错误并不重要，重要的是家长要通过孩子的表现，了解孩子需要什么样的帮助。他们不仅需要"即使自己做错了事父母也依然爱他"的安全感，更需要自信，让他们变得有担当，内心更强大。

第九章
7—12岁性格、心理素质培养

第一节　7岁男孩患多动症，怎么办

家长提问：

我儿子7岁，被医院确诊为多动症，精力旺盛的不得了，我们觉得很累，怎么办？

云朵老师：

著名教育专家尹建莉老师在书中写道，儿童多动症是个谎言，根本的原因是家长的教育方法出了问题，或者严厉或者溺爱，给了孩子巨大的心理压力，孩子身上的"症状"，几乎都是在反抗不当的教育中被扭曲的表现。其实，家长只要多理解和关心孩子，用心去倾听孩子的"语言"，孩子的一切都能变得正常。

我比较认同这种看法。活泼好动是儿童的天性，尤其是男孩，每天都有用不完的精力。从中医学角度讲，男孩都是纯阳体质，生性好动，阳气足，所以才会展现生机勃勃之象。现代医学表明，男孩之所以好动，是因为他们体内能分泌出大量的睾丸素，致使男孩一刻也闲不住，只能通过不停活动来消耗能量。特有的体质和身体特点，导致了男孩必然是一个精力旺盛的"淘气包"。

我认为，男孩更适合以前农村的那种散养模式，一群小男孩疯玩儿疯跑，将多余的精力发泄掉，晚上倒头就睡。如今的城市生活，孩子们都居住在楼房里，没有足够的运动去消耗过于旺盛的精力，就会显得多动，喜欢"搞"事情。

男孩精力旺盛，就要他们多运动，消耗掉多余的能量，锻炼身体，增强体质。父母每天都要抽出一些时间，和他一起跑步、跳绳、跳远、打球、游泳，或练习跆拳道、武术、足球，或者各种室内运动等。总之，只要是孩子喜欢又可以消耗体力的运动都可以。

此外，要想办法让孩子安静下来，比如，陪孩子读书、给孩子讲故事或听喜欢的故事、睡前听冥想音乐、给孩子的身体做抚触……尤其是给孩子做轻柔的身体抚触，同时放冥想音乐，这不仅适合小婴儿，对于一些容易躁动不安、静不下来的孩子，也具有神奇的疗愈作用，不仅可以缓解孩子的躁动和紧张，还能增强亲子间的关系，让孩子感受到父母的爱，内心充满安全感和幸福感。

最后，即使医生确诊孩子得了多动症，也不代表什么，仅凭几个测试题，并不能全面检测孩子，家长不要给孩子贴"多动症"的标签，要相信孩子是正常的。我觉得，7岁的孩子每天都精力旺盛，比"每天坐着不想动"更正常，如果每天懒洋洋的不想动也没精神，反而更让人担心。

第二节　8岁孩子偷钱，怎么办

家长提问：

我小侄子8岁，已经第3次偷拿家人的钱了，金额越来越大，还死不承认，直到暴力对待，才把钱拿出来。他把自己锁屋里，不开门，不作声，应该怎么解决呢？

云朵老师：

第一步：分析原因。

其实，很多孩子在小时候都会偷拿大人的钱，这是一种正常现象。大概在小学阶段或更早的时间出现，因为这个年龄段的孩子已经开始感受到金钱的魅力，比如，可以买自己想要的东西、可以间接地获得友情等。因此，随着年龄的增长，孩子会越来越渴望支配金钱，即使家里吃的玩的都不缺，他仍然想要支配权和选择权。家长对钱控制得很严，孩子不能实现自己的愿望，对于金钱的强烈渴望就会战胜理智，想要"通过捷径"来获得。等到孩子上了初中，家长会给部分零花钱，这种行为也会逐渐减少和消失。

第二步：处理建议。

首先，不要给孩子贴坏的标签。

家长发现孩子出现这种行为时的处理方式非常重要。问题中的男孩被发现了3次仍然不改，说明家长的处理方式需要改进。也许家长一开始就对孩子提出了警告，也进行了严厉批评，甚至还进一步限制了孩子的花费等，但都不能从根源上解决孩子的心理问题，自然就无法取得理想的效果。

每个人的本性中都有"善"和"恶"两面，孩子也不希望给父母和亲人留下"偷钱""坏孩子"的印象，家长不假思索地给孩子贴上"偷钱"的坏标签，反而会激发他们身体中"恶"的一面，促使他们破罐子破摔："反正你们都不喜欢我，都觉得我是坏孩子，我还不如想办法多弄点钱"。因此，不要给孩子贴标签，不能将这件事情定义为性质恶劣的"偷钱"。

其次，家长要进行自我反思。

家长要反思一下自己：是不是没给孩子选择物品的自由？孩子是不是没有可以支配的零花钱？

在孩子的成长过程中，会面临很多问题，当每一次问题出现的时候，就是一个不错的教育时机。家长可以趁机给孩子部分零花钱，同时教会孩子记账，还可以给孩子建立一个账户，教孩子开始理财、学会算账。即使刚开始孩子把自己的零花钱花光了也没关系，要让孩子慢慢学会理财。

第三节　孩子在学校被人欺负，怎么办

家长提问：

我儿子今年8岁，在学校总是被人欺负，也不敢还手。现在社会上有一种现象，文明的孩子更容易吃亏，那么父母要不要教孩子善良？

云朵老师：

孩子8岁已经上了小学，在学校被人欺负，通常有这样几种情况：

第一种情况：孩子之间打闹无意间受伤。

孩子比较敏感细腻，同学之间下课或上体育课上互相打闹，导致孩子磕碰了，可以问一下孩子有没有受伤？具体是怎么回事？如果孩子只是偶尔说说，情绪波动不大，家长也不要太担心。现在的小学一般都会规定下课不让孩子打闹、安全上下楼梯等，要教育孩子保护好自己，尤其是发生推搡碰撞的时候，更要离比较闹腾的孩子远一点儿。

第二种情况：孩子在班级被某个同学孤立。

孩子如果在班级被某个同学孤立，此时就要抓住机会，教会孩子如何与别人相处，如何选择朋友。同时，还要告诉他，交朋友不必强求，即使再优秀，也会有人不喜欢，这是正常现象。

朵朵上三年级的时候，曾对我说，班里某同学不跟她玩儿，还不让其他同学跟她玩，她很难过，一边说一边哭。

我对她说："可能是你刚转来，成绩又不错，那个同学有点儿不开心。放心吧，你这么可爱、这么优秀，不可能所有同学都不跟你玩，那些不跟你玩儿的你也暂时放过吧。好朋友不用太多，只要有一个人跟你玩儿，就行！"

几天之后，朵朵对我说，她已经跟这个同学和好了，跟班里多数同学也一起玩了。

过了一段时间，女儿又跟这个同学闹矛盾了。她也总结出了规律，说她们性格太相似，好的时候非常好，闹矛盾也很激烈，不适合长期在一起玩，自己还是适合跟性格互补的同学玩。再后来，朵朵找到一个温柔可爱的好朋友，一直到小学毕业，两个孩子的关系都非常好。

第三种情况：校园暴力欺凌。

孩子被高年级的一个或多个孩子欺负，甚至造成了身体和精神上的伤害。遇到这种情况，家长要毫不犹豫地保护孩子，给孩子安全感，要找到老师和学校解决此事，实在不行，就给孩子转学，坚决不要让这类事情给孩子造成伤害。

那么，文明的孩子更容易吃亏，父母还要不要教孩子善良？

答案就是，不管在何时何地，我们都要教孩子善良，与人为善。不过，善良不是软弱，也不是胆小怕事，而是要保有自己的底线。只要触及自己的底线，就要教孩子保护自己不受伤害，告诉孩子关于人际交往的一些知识，让他知道如何选择朋友，且远离那些会对他们的精神和身体造成伤害的人。

记住，无论何时，都要教孩子做一个文明的、善良的、爱自己的、有底线的人。

第四节　孩子为什么在妈妈面前非常撒娇任性

家长提问：

有时我觉得女儿对我索取太多，跟我在一起，比较情绪化，我带娃挺累的。但是，老公却说带娃很轻松，因为孩子听他的，也不黏他，比较怕他。老公经常出差，女儿遇到任何事都找我，老公却说是我娇惯孩子。好无奈，我真不知道该怎么办？

云朵老师：

孩子为什么面对爸爸时很乖，跟着妈妈时却有各种情绪？因为孩子也会"看人下菜"，会在不同的人、不同的环境下有不同的表现。比如，有的孩子在幼儿园、中小学校表现很好，在家里却胡搅蛮缠，不想做作业、不想上学、乱发脾气。

记得我小的时候，妈妈让我和弟弟一起去田里干活，弟弟不愿意，简单糊弄一下，就回家玩儿了。但如果是爷爷奶奶请他帮忙，他就会认真地做好。

其实，无论哪个年代的小孩子都一样，不仅孩子会这样，成年人也是如此，比如，我们总是"欺负"那些对自己好的人，而在别人面前表现得"小心翼翼"。主要原因在于，面对对自己好的人，往往更有安全感，就会释放自己的情绪；在没有安全感的人面前，可能会刻意表现得更好。

在这个案例中，爸爸对孩子比较严厉，平时带孩子不多；妈妈平时带孩子比较多，对孩子比较温和。因此，孩子在妈妈面前更有安全感，跟爸爸不敢有情绪，自然就表现得很乖。所以，在这个家庭中，爸爸起了规范孩子行为的作用，而妈妈起了舒缓孩子情绪的作用，一紧一松，实现了一种平衡。妈妈需要正确看待，且与丈夫细谈一下自己的情绪和想法，争取达到家庭的平衡。

第五节　一年级的女儿说以后不结婚不生孩子，怎么办

家长提问：

吃早餐时，女儿突然跟我聊起了恋爱的话题，说："我不想谈恋爱，

不想生孩子。"我说："你想得太远了，你现在还小。"她说："我不想离开妈妈，生孩子会痛。"我觉得有些可笑，但又觉得这也是一个问题，用不用给她树立正确的爱情观？

云朵老师：

这个孩子很可爱！我主张家长要给孩子树立正确的爱情观，但重点是教会孩子如何跟人相处、如何判断人、不要把爱情视为生命和生活的全部等。这种话题至少要在孩子十几岁以后，才能够理解一部分，女儿刚上一年级，就聊起了这个话题，不要太当真，只要听听就行。人都有改变主意的时候，连刚生完孩子的女人都会发誓死活不生二胎，在几年之后又改变想法，何况是一个 6 岁的孩子？

我觉得，对于孩子提出的任何话题和想法，家长都要认真倾听，让孩子表达，不必急于给孩子下结论。家长急于作评论和下结论，往往会让孩子失去表达的欲望，更不利于深入了解孩子。

跟孩子聊天的时候，可以采用提问的方式，下面是两种场景：

场景一：

孩子："我长大后，不想谈恋爱，不想生孩子。"

妈妈："你想得太远了，现在还小，最重要的是好好学习，不要想其他的。"

孩子：（妈妈真不理解我，什么也不想说了）

场景二：

孩子："我长大了，不想谈恋爱，不想生孩子。"

妈妈："你为什么会这么想呢？"

孩子："我不想离开妈妈，我想一直和妈妈在一起，生孩子很痛，我害怕。"

妈妈："妈妈也不想离开你，对于这类问题，长大后你可以自己作决定，但无论如何，妈妈都会支持你。妈妈爱你，最希望你开心幸福。你不想恋爱、不想生孩子没问题呀，那你长大了想做什么呀？"

孩子："我想做……"

建议家长采取第二种聊天方式，孩子会更喜欢跟你聊天哦！

第六节　如何拒绝孩子的不合理请求

家长提问：

我儿子比赛得了奖，想吃冰激凌，我要不要答应呢？

云朵老师：

我知道这位妈妈的纠结点大概是想答应孩子让孩子高兴，又担心冰激凌太凉，吃坏了肚子，不舒服；想不答应，又怕孩子不开心，受伤害。

其实，对于这个问题，可以换个角度来看，无论是不是答应孩子，都没有对错之分。如果答应了孩子，就让孩子吃个开心吃个痛快，吃完了再喝点儿热水。如果孩子觉得肚子不舒服，就当是一种体验了。亲自体验后得出的经验，比家长说几百遍道理更管用。

如果你打算拒绝孩子，可以把这件事作为一次练习如何拒绝孩子不合理要求的机会，让孩子学习如何平静地接受拒绝。你完全可以温柔而坚定地拒绝，直接说："我觉得不行，你可以再换个愿望哟！"除此之外，不要再唠叨其他的。

遇到类似问题，很多妈妈都心太软，总是担心拒绝孩子的要求会让孩子受到伤害。其实，孩子没有你想象得那么脆弱，能让孩子受到伤害的不是你的拒绝，而是你拒绝时的态度和情绪。如果你拒绝的同时，情绪是暴躁的、愤怒的、不开心的，甚至还会唠叨和指责孩子，孩子就会觉得很受伤；仅仅温柔而坚定地拒绝，孩子是不会受到伤害的。

无论父母多爱孩子，无论你满足了孩子多少愿望，孩子长大后都要面临被人拒绝或拒绝别人的场景，所以，不如从小就开始经历被拒绝。对于不合理的甚至无理的要求，妈妈可以拒绝孩子，孩子也可以拒绝妈妈。家庭成员间养成了这种相处模式，你就不会担心孩子长大以后不能接受别人的拒绝或不会拒绝别人了。

第七节　孩子喜欢攀比，怎么办

家长提问：

我儿子睡前想看电视，我给他定了规矩，平时不能看，只有放假的时候才可以。他问我："为什么其他小朋友可以看，我就不可以？"此外，他还喜欢攀比，觉得其他小朋友的东西更好。遇到这种情况，妈妈应该怎么引导呢？

云朵老师：

如果觉得孩子有问题，需要引导，首先你要想一下：孩子当下是什么状态？心理发育到了什么阶段？为什么会出现这种问题？其实，这个问题的本质，不在于看电视或喜欢攀比，而是孩子学会了观察思考和总结，发现自己跟别人不一样，自己家的规则跟别人家的也不同。

孩子出生后，会被动地接受外界的各种信息，现在可以自己思考并提出问题，这是一件有意义、值得庆祝的事情。所以，当孩子问"为什么别人可以我却不可以"的时候，教育的时机也就来了。家长只要抓住这个机会，就能取得事半功倍的教育效果。

你不用着急回答他的问题，可以继续跟他聊天，告诉他："每个人和每个家庭的规则都不一样，你觉得，除了这一点，你跟爸爸妈妈还有什么不一样？年龄、身高、长相、每天要做的事情等。当然，除了跟爸爸妈妈不一样，你跟学校里的同学也不一样，比如，一个班级的同学，有的高有的矮，有的胖有的瘦，有的黑有的白，有的唱歌好，有的跳舞好，有的画画好，有的淋了雨也不生病，有了吹点风就会感冒……"这种引导和沟通，可以带领孩子思考和观察，非常有意义。

除了不同点，也可以让孩子思考家庭成员之间有什么共同点？比如，都要穿衣、吃饭、睡觉，都有眼睛、鼻子、嘴巴等。最后得出结论，即每个人既有共同点，也有不同点。

回到看电视这个话题。你可以跟孩子说："其他小朋友可以控制自己，说不看就不看，说看20分钟就看20分钟，你能做到不？你如果能做到，你也可以看。"

记住，孩子并不像我们想象的那样喜欢攀比，他只是把自己的疑问提出来而已，家长不假思索地给孩子贴标签，只会冤枉了他！孩子给我们出了什么难题并不重要，重要的是我们要了解孩子为什么会这样问，孩子在想什么，我们能给孩子提供什么帮助？只要养成这种思考的习惯，任何问题都能迎刃而解。

第八节　让孩子做家务要给工钱吗

家长提问：

让孩子做家务，要给工钱吗？给工钱看起来似乎可以激励孩子，但我又担心孩子会变的"钻进钱眼儿里"，好纠结啊！

云朵老师：

很多家长已经认识到了做家务对孩子的好处，这是一个很好的现象。可是，为了激励孩子做家务，有些家庭却采用给工钱的办法。对于这种做法，我不太赞成。这样做，在初期可能会让孩子积极地做家务，但到了后期，孩子就可能变得越来越自私，做什么都要钱。孩子的胃口越来越大，不缺零花钱时，金钱的刺激作用将不复存在。

家庭成员为彼此做的很多事情都无法用钱来衡量。让孩子做家务，可以锻炼孩子的动手能力，培养作为家庭成员的责任感。因此要让孩子做力所能及的工作，要对他们进行鼓励，让他们感受到满满的成就感，建立愉快的家庭氛围。

有一次做饭，我让儿子帮忙捣蒜泥，经过我的指导，他做得还不错，我们都夸他是捣蒜泥的高手。从此以后，家里捣蒜泥的工作就全部交给他了，他还引以为傲，不仅负责捣蒜泥，还将自己的房间也收拾得非常干净，甚至还到厨房帮忙做饭，也为自己写日记增加了素材。

需要注意的是：

（1）培养孩子做家务，要根据孩子的能力，由易到难循序渐进地进行，只有让孩子尝到"甜头"，他们才会愿意继续做。这里的"甜头"，并不是指的钱，而是被认可、被肯定的成就感。

（2）不要短时间内给孩子太多的任务，否则孩子会觉得很难，反而容易退缩。同时，还要给孩子创造快乐做家务的氛围。如果家长都觉得做家务是苦差事，不仅不情愿做，还总是抱怨，那孩子也很难养成这个习惯。

第九节　孩子不喜欢别人的评价，怎么办

家长提问：

我儿子正在读初一，成绩不错，被同学称为"学霸"。他不喜欢这种称呼，觉得很郁闷。看到他不高兴，我也开心不起来，怎么办？

云朵老师：

遇到这类问题，家长不要急于下结论，要先平心静气地问问孩子，你是怎么想的，为什么不喜欢？要认真倾听孩子的声音，了解孩子的想法。

第一步：肯定孩子。

孩子遇到问题，首先想到的是向家长反馈，这是一个很好的习惯，值得肯定。

第二步：分析原因。

（1）孩子对"学霸"这个词有误解，认为是"不好"的意思。

（2）孩子觉得，别人给自己贴"标签"，感到压力巨大。他觉得自己没有那么优秀，喜欢做普通人，不喜欢被别人关注。

我倒觉得，第二个原因的可能性比较大，因为我以前也有过类似的经历。

我小时候生活在农村，村里几乎没有大学生。我从小学开始学习就比较好，也许就是从那时候开始，很多村民就叫我"大学生"。对于这类话语，我听后很不高兴。因为我当时考虑的是，如果我考不上大学怎么办？但是我人小言轻，也不懂得表达，没办法通过语言表达想法，也无法堵住别人的嘴，只能选择默默接受！

第三步：帮助孩子。

针对这个烦恼，可以这样应对：

（1）让孩子勇敢表达自己的想法。

可以告诉孩子，如果你确实不喜欢这种称呼，可以严肃地告诉同学，我不喜欢你们这么叫我，请不要这么叫了。为了起到震慑的作用，语气一定要非常严肃和正式。其实，很多孩子只是觉得好玩儿才这样叫，都是出于善意，只要强烈地表达出你的不喜欢，他们多半都会注意和调整自己的行为。

（2）调整自己的心态。

可以这样对孩子说，虽然有办法可以阻止其他同学这样叫，但是我们依然无法改变别人对我们的评价和想法。既然不能改变别人，就改变自己的心态。换一种思维，你的心态就会完全不同。别人叫你"学霸"，如果你觉得压力很大，感到不舒服，就可以这样想，这可能是别人对你的肯定和鼓励，叫你"学霸"的人越多，会越来越好。这样想，是不是就会开心一些，到时候你可能会压力越大，但动力也越大，巴不得全校师生都叫你

"学霸"呢！

同样，孩子的想法也体现了自己的不自信，家长要多对孩子进行正向肯定和鼓励，比如，你是非常优秀的，你值得好成绩，你的未来会很美好，你配得上"学霸"的称呼……不能看到孩子不开心，你也不开心，我们可以理解孩子的心情，但没必要陪着孩子一起难过。

孩子的成长过程，不仅需要欢声笑语，也需要挫折的锤炼。孩子成长过程的小烦恼和小痛苦，从长远来看，反而是滋养孩子心灵必需的养分。孩子没你想的那么脆弱，他们远比你想象的要坚强，相信孩子，理解孩子，陪伴孩子，事情很快就会过去。

第十节　孩子早熟，怎么办

家长提问：

我女儿正在上四年级，今天老师打电话给我，说孩子上课总跟同学说话，我一听就头大了！另外孩子还穿"性感"的衣服，拍一些短视频，有些动作还比较野性，不符合她这个年龄段。我觉得孩子有些早熟，如何是好？

云朵老师：

现实中，如何判定孩子早熟呢？比如，孩子喜欢拍视频看快手、喜欢学吃货吃东西、有些动作还比较野性等，并不能就判断孩子早熟。老师只是说孩子爱说话、不专心学习，并没有说孩子早熟。

这个阶段的孩子，说些喜欢谁、爱谁的话，并不是不正经，而是一种细心观察周围和传播信息的行为，因为有些孩子就是天生的直播人才啊！喜欢说话，并不是孩子的错，难道孩子沉默寡言，你就高兴吗？

其实，爱说话不是缺点，不要打击孩子说话的积极性。只不过要分场合，如上课跟同学不停地说话，就会违反班级纪律。因此，平时孩子在家，可以让她多说一些，可以给她看一些说话的电视节目，如《脱口秀》《奇葩说》或相声小品段子等，说不定爱说话、会说话还是孩子的特长呢！

第十一节　如何对儿童进行性教育

家长提问：

我女儿8岁，用爸爸的手机做作业时，不小心看到了爸爸手机里存的成人视频。我感到非常紧张，女儿也觉得浑身不自在，还偷摸自己的私处，这种问题该如何处理？

云朵老师：

这件事原本就是个意外，也不是什么大事，不用紧张，要淡定一些，放松心情。同时，也不要让孩子感觉到你的"异常"。孩子并没有犯错，不要让孩子有羞耻感，觉得是她做错了。老公虽然不够谨慎，但也没犯原则性错误，也不要责怪。

朵朵9岁刚上三年级时，班里已经有同学讨论明星怀孕的事情，有的同学还会说到日本的成人视频。当时听孩子这样说，我只是一笑了之，说："现在的孩子懂得可真多啊，接触的信息远比我们想象得要多。"

每件事情的发生都是一个不错的教育时机，这时候就要加强跟孩子的沟通，趁机给孩子上一堂生命和爱的教育课，讲讲怎么保护自己……如果孩子暂时不想聊，也不要太在意，等孩子准备好了，选合适的时机再沟通。只要孩子心理健康，绝不会因为看到了这种视频或图片而变坏，这个完全可以放心。

学习篇

第十章
0—3岁的学习问题

第一节　如何在家对孩子进行早期教育

家长提问：

我儿子今年1岁半，有人告诉我，这个年龄该上早教了，可我是全职在家带孩子，早教费动辄上万元甚至几万元，有点儿负担不起，我想问的是，1岁半宝宝一定要上早教吗？在家里，我们怎么开发孩子智力，让孩子变得越来越聪明呢？

云朵老师：

如果家里条件允许，父母也有精力，完全可以让宝宝上早教班，没有什么坏处。如果家庭不太富裕，早教的钱也可以省下来。不过，即使让孩子上早教班，也不能把孩子的早期教育完全托付给早教班。因为多数早教班一周只有一两节课，妈妈的陪伴却是无时无刻的。孩子不会因为没有上过早教班而学习成绩不好，却会因为妈妈的陪伴和教导而养成好习惯，从而受益终身。所以妈妈在家陪宝宝做什么，其实更重要。

那么，家有1岁半的宝宝，应该如何带才能让宝宝更聪明呢？我在这里提供一些做法，希望能起到抛砖引玉的作用，家长可以根据自家孩子的情况，延伸出更多的做法。

一、培养宝宝的语言能力

这个时期，部分宝宝的语言已经发育得很好，日常说话基本毫无障碍，甚至还能自己造词。当然，也有些宝宝不善于语言表达，这些都是正常的。

要想培养宝宝的语言能力，平时就要多跟宝宝交流，即使他们不会说话，也能听懂。带宝宝时，无论做什么，都可以跟宝宝说说话，可以给宝宝看一些简单的绘本；也可以播放一些故事、音乐、经典朗诵……总之，要让宝宝感受足够的语言刺激。听说读写是孩子学习语言的规律，听得多了，自然就会说了。

二、锻炼宝宝的运动能力

这时期的宝宝多数都已经学会走路，但有些孩子腿部肌肉力量还比较弱，走路还不太稳，容易摔跤。在条件允许的情况下，可以多带宝宝去儿童乐园玩耍，让孩子尝试钻洞、蹦床等游戏。多运动，还能促进宝宝的大脑发育。

三、锻炼宝宝的精细动作——亲子游戏

精细动作一般指的是宝宝手和手指的动作，可以在家跟宝宝玩一些亲子小游戏，比如，分拣各种豆子、简单的拼图、穿插积木、钓鱼玩具、串珠子、用筷子夹东西等。具体玩什么、怎么玩，家长可以发挥自己的智慧，还可以参考一些亲子游戏的视频。总之，要让宝宝得到锻炼又玩得开心。

四、帮助宝宝建立安全感

婴儿离开妈妈温暖的子宫来到陌生世界，要想建立对这个世界的安全

感，需要经历几年的时间。3 岁之前的孩子最需重要的是安全感，要让他感受到自己是安全的、被爱的、受欢迎的。安全感充足，宝宝才有更多的精力实现自我成长。

有些孩子比较黏人，有分离焦虑，经常发脾气。这些其实都是孩子没有充分建立安全感的表现。家长要抽出时间高质量地陪伴宝宝，要在眼神、身体接触和语言表达等方面多关注宝宝。

第二节　1岁多孩子总不开口说话，如何引导

家长提问：

我家孩子 1 岁半多，同龄孩子什么都会说了，可他就是不喜欢开口说话，该怎么引导呢？

云朵老师：

关于宝宝的语言发育，有这样一条规律：

1 岁前后，开始有意识地说出"爸爸""妈妈"，然后慢慢咿呀学语。具体到每个孩子，可能会早几个月或晚几个月，这都很正常。孩子的说话能力跟他们的听力、理解能力、发音器官发育三个因素有关，如果担心宝宝语言发育慢，完全可以从这三个方面寻找原因。

对于 1 岁多的孩子，如果发现他（她）的听力、理解能力、发音器官发育均无异常，就不用太担心，说明孩子智力发育没问题。现实中，有些孩子 2 岁多还只是偶尔说几个字，过了 2 岁半突然就会说很多话，等到 3 岁上幼儿园，已经能跟背《三字经》了。所以，孩子说话早几个月晚几个

月，影响并不大。

说话比较晚的孩子，通常有这样几个常见原因：

一、给孩子的语言刺激少

听说读写是学习语言的规律，听得多了，孩子才会说。所以，孩子出生以后，就可以多跟他说话，比如："宝宝，我们喝奶啦！""宝宝，这是苹果，红红的苹果，非常好吃""宝宝，妈妈好爱你"……总之，要当作孩子能听懂的样子去跟孩子交流。

此外，还可以给孩子读些书，听些经典音乐，让孩子的周围充满温暖的、有爱的声音，孩子听得懂，安全感也能得到滋养，带起来也更容易！

二、孩子觉得没必要说话

比如，有的妈妈带孩子非常仔细，也很了解孩子，孩子想要什么，只要一个表情或一个动作，妈妈就能满足，孩子自然就没必要说话了。因此，如果孩子想要什么，不要立刻满足，可以引导孩子说："宝宝是不是想要吃苹果呀？你说'苹果'，妈妈就给你哦！"

三、孩子无暇学习说话

有个邻居的小男孩，大动作发育非常好，身体非常敏捷，一开始是在家里爬来爬去，后来学会了走路，整天闹着要到外面玩儿。一到外面，就跑来跑去，玩滑梯，荡秋千，玩得不亦乐乎。教他说话，他也不想学习，结果 2 岁多以后，突然就喜欢说话了。

总之，在孩子的说话问题上，首先要在孩子出生后尽早地为孩子提供多样的语言刺激；在 1 岁以后，多引导孩子进行语言表达；然后，相信孩子有自己的发育规律，给孩子的内心播撒智慧的种子，静待花开。

第三节　1岁多孩子不喜欢看书只喜欢撕书，怎么办

家长提问：

听了云朵老师培养孩子阅读习惯的课，我明白了阅读对于孩子的重要性，兴致勃勃地买了不少绘本回家，结果发现1岁多的儿子不仅不愿意看书，还撕书，这可怎么办呀？

云朵老师：

这位妈妈了解了阅读的重要性，制订了培养孩子阅读习惯的计划，而且马上行动，执行力非常强。然而，理想很丰满，现实很骨感，在操作的过程中却遇到了各种问题。

首先，孩子出生以后就可以开始培养孩子的阅读习惯了。我们刚开始让孩子接触书，目的不是让孩子读书，而是让孩子习惯有书的陪伴，把书当成日常生活的一部分。孩子从第一次看见书，到最后爱上书，把书当作精神食粮，需要经历一个过程。我们既不能指望孩子马上爱上看书，也不能因为遇到问题就放弃。

其次，孩子撕书、吃书，甚至根本不看书，是一种正常现象。宝宝不知道书是什么东西，往往都是通过双手的探索来认知事物的，能够把纸张撕成很多的碎片也不容易，这会让他们很有成就感，同时撕纸还能锻炼他们手指的灵活度和力量，也是一件好事。

（1）既然孩子喜欢撕，就给他准备一些废纸，硬的、软的，各种材质

的，让他们尽情地撕，撕成各种形状，孩子过足了瘾，就不会再撕书了。

（2）给孩子买比较硬的、撕不动的书，或者布书。

最后，用动作为孩子展示怎么正确地翻书看书，并告诉孩子，书是我们的好朋友。孩子通常都善于模仿大人的行为，多次展示，孩子就能学会爱惜图书了。

第四节　老人带孩子，教会孩子一口方言，怎么办

家长提问：

我儿子今年2岁，会说很多话，平时多数时间都是奶奶带孩子。奶奶只会说方言，不会说普通话，孩子也因此学了很多方言，普通话说得不太好。我有点儿担心，怎么办呢？

云朵老师：

乍一看上去，这个家长的担心很有道理，我也有过这样的担心。

朵朵3岁之前，白天也是老人带，虽然我坚持跟她说普通话，但毕竟老人带的时间长，她还是学会了一口方言，当时我也隐隐有点儿担忧。后来我才知道，其实完全没有必要担心这件事，孩子的语言学习能力非常强，到了幼儿园老师说普通话，自然就能学会普通话。结果，女儿上了幼儿园后，就能说一口标准的普通话了。后来，我带朵朵去了烟台，她还跟同学学了一部分烟台本地话。虽然还能听懂老家话，但已经不怎么会说了。再后来，我又带朵朵到了另一个城市，她又学会了一部分本地话。但只要跟姥姥、姥爷见面，都会尽量说老家话，觉得很好玩儿。

父母根本就不用担心"孩子说什么方言"的问题，现在学校都在普及普通话，孩子怎么可能学不会呢？所以，根本不需要在家里为孩子创造单一的语言环境，如果有条件，倒可以给孩子创造多种语言环境。

第五节　3岁孩子活泼好动，注意力不集中，怎么办

家长提问：

我儿子今年3岁，活泼好动，注意力不集中，上课总是坐不住，怎么办？

云朵老师：

如果孩子3岁，就能好好坐下来上课，为什么国家还规定孩子的小学入学年龄是6岁？

我在网上看到一组数据：实验表明，孩子集中注意力的时间会随着年龄的增长而延长。

年龄	注意力平均时长
1岁以下	<15秒
1岁半	>5分钟（有兴趣的事物）
2岁	7分钟左右
3岁	9分钟左右
4岁	12分钟左右
5岁	14分钟左右

我觉得，这个数据比较符合实际。

　　3 岁的孩子，刚入幼儿园小班没多久，注意力不集中，上课总是坐不住，都是很正常的。幼儿园尤其是小班，多数都是做游戏、唱歌、跳舞、玩玩具。即使孩子注意力不集中坐不住，也不能马上就认定是孩子的问题，说不定是老师讲的内容比较枯燥，孩子不感兴趣呢。

　　为了让孩子的注意力越来越集中，建议妈妈这样做：

　　（1）每天给孩子听故事；

　　（2）每天抽 5—10 分钟和孩子一起亲子阅读；

　　（3）多陪孩子做一些互动的亲子游戏；

　　（4）认真听孩子说话，认真跟孩子说话，注重眼神交流，减少无意义的唠叨；

　　（5）如果孩子对某些事情或某个玩具玩得比较专注，不要轻易打断孩子；

　　（6）找到宝宝感兴趣的事物。

　　这些培养孩子注意力的方法，我都亲自测试过，确实有效。只要家长们都能做到，相信随着年龄的增长，孩子做事时一定会越来越专注。

第六节　如何培养孩子的阅读能力

家长提问：

我给女儿买了很多图书和画册，可是女儿不喜欢阅读，怎么办？

云朵老师：

朵朵出生后，我知道培养孩子阅读习惯的重要性，于是坚持实践，还分享给了很多家长，有些跟着做的家长，如今他们的孩子都在上小学或中学，在读书的过程中取得了很大收获。

在上小学之前，朵朵已经养成了独立阅读的习惯，上一年级的时候已经认识了许多字，从那以后我就没再操心过她的作业，全都由她独立完成。随着年级的增长，阅读带给朵朵更多好处，语文和作文成绩越来越好，逻辑思维也非常强，我现在都是跟她聊天，已经很少教育她。

反观很多家长，孩子上小学之前不重视孩子阅读，一年级了还不认识几个字，尤其是很多男孩。而现在的教育，越来越重视阅读和理解能力的考察，一二年级还好说，三四年级以后如果孩子阅读和理解能力差，学习会越来越困难。家长着急，孩子痛苦，到处求助也于事无补，那时再去培养孩子的阅读习惯，就非常困难了。

培养孩子阅读习惯，家长不仅要提高思想认识，还要抓住关键时期。

一、爱阅读的孩子最有潜力

目前国家对于阅读的普及和重视程度大大提高，甚至从小学阶段就有了必读书目，多数家长也知道阅读的重要性。但是，有些家长认为阅读只是为了提高语文成绩，这个观点就有些片面了。其实，阅读不仅能提高语文能力，还可以全面提高孩子的思维能力、专注力和理解能力，对于孩子学习任何东西都有好处。阅读可以开阔孩子的眼界，可以启发孩子的智力，可以教会孩子为人处世的道理……一句话，从小养成阅读的好习惯，孩子会终身受益。

朵朵从1岁8个月开始阅读，6岁上小学之前已经认识很多常见字，可以读无图的小说，理解能力非常强。升入小学后，我从来就没有管过她的家庭作业，也没帮她检查过，让她养成了自己安排作业、自己检查的习惯。相对于那些"不提作业母慈子孝，一提作业鸡飞狗跳"的家长，我算是非常轻松的懒妈妈了。

同时，我也很少跟她讲道理，她哪方面有所欠缺，我就给她看哪方面的书籍。孩子现在 12 岁了，无论历史地理、科学逻辑还是艺术欣赏、口才演讲的书籍，她都很喜欢。

二、培养孩子的阅读习惯，从什么时候开始比较好

据我观察，看书这件事跟家庭环境有关系，比如，家长喜欢看书，就会买很多书，孩子从小就能看到你读书，时间长了，他们就会产生看书的想法。所以，孩子出生后，父母可以把孩子抱在怀里给他读书；孩子再大一点儿，可以让他自己翻书看。

如果孩子对读书没有兴趣，也要坚持去做。因为，6 岁之前，是孩子的敏感期，如果能抓住这个阶段的教育，就能起到事半功倍的效果。孩子阅读的敏感期，是培养孩子阅读习惯的黄金期，一般出现在四五岁前后。

三、阅读敏感期

每个孩子都有阅读敏感期，根据孩子语言发育的不同，敏感期到来的时间也不完全相同，比如，朵朵的阅读敏感期是 1 岁半出现的，有的孩子是 4—5 岁。一般情况下，当孩子对于日常生活中的口头语言掌握得比较熟练后，就开始对书面语言产生兴趣，阅读敏感期就到来了。这时候，他们会突然喜欢翻书，不管是不是认识字，都喜欢翻一翻，或指着书里面的字乱读一通，或者缠着家长讲故事，甚至还会指着书上的字编故事等。家长要注意观察孩子，如果孩子出现这个特征，就意味着孩子到了阅读的敏感期，要多给孩子提供各种儿童绘本。

四、给孩子提供多种类型的书籍

家长不要根据自己的喜好给孩子挑选书籍，在孩子能阅读之后，应该给孩子提供多种类型的书籍，培养他们广泛的兴趣爱好。在 0—6 岁，以

认知图书、爱的教育、习惯培养、情绪管理等绘本为主；在小学阶段，可以涉及小说类、人物传记、科学认知、天文科普、地理、历史、艺术欣赏、幽默故事等。

有些书短时间内孩子也许不喜欢，但过上一段时间，就可能喜欢看了。总之，家长不要给孩子设限，不要根据自己的喜好给孩子选择书籍。

第十一章
3—6岁（幼儿园阶段）的学习问题

第一节　4岁宝宝说话有点结巴，怎么办

家长提问：

我女儿今年 4 岁，说话开头第一个字总要重复几次才能往下说，类似于结巴，我不知道自己该不该焦虑？还有，我也不知道女儿是不是受我的影响，我生气或比较激动的时候确实说话比较快，甚至有点儿结巴的感觉，就是那种激动时嘴不太跟得上脑子的感觉。

云朵老师：

遇到这种问题，家长不要焦虑，也不用将它看成什么大事儿。家长心态越轻松，孩子才会越轻松。家长太重视这个问题，不断地重复告诉孩子不要这样，反而容易造成负面强化，给孩子带来更大的压力。举个例子，你告诉一个成年人"脑子里不要想象大象"，这个人大脑里一定会浮现出大象的样子。孩子遇到的这种问题本来就是因为紧张导致的，家长越重视越强调，孩子压力反而越大，问题不仅不会得到改善，还容易给孩子造成更严重的心理问题。

我看过一个案例：

一个女孩直到成年依然尿失禁，就是因为妈妈管她太过严厉，小时候偶尔尿床，就会被妈妈骂。妈妈不断地告诉她，这样是不对的，不能尿床。结果，她每天晚上睡前，都担心自己会尿床，结果越紧张越尿床；然后，又是不断地被骂，造成恶性循环……成年后，依然是控制不住尿失禁，导致自己非常自卑，都不敢跟别人交往，女孩美好的青春都被童年的"一泡尿"给毁了，确实很让人悲哀！

我女儿小时候也有遇到过这种糗事：

朵朵 1 岁左右的时候，喝水喜欢喝满满一大口然后喷到大人脸上，看到大人反应强烈，觉得很好玩，于是多次尝试。有一次我让她喝水，她依然这样做，我默默地把水拿走，然后跟她接着玩；同时，告诉家里人，下次朵朵向他们喷水的时候不要有什么反应。朵朵玩了两次，觉得不好玩，就不再继续了。

还有一次，大概在朵朵 4 岁的时候，不知道她是故意的，还是跟其他小朋友学的，她说话时总会故意重复第一个字，"我、我、我"说半天，才说后面的话，就像个小结巴。我没对她进行负面强化，当作没听见，该怎么样还怎么样。后来，朵朵又重复了几次，我都不在意……再后来，朵朵就不这样了。

这种问题，很多时候都是孩子的短暂行为，家长不关注、不重复、不给压力，反而很快就会消失。

不了解孩子的生长和心理发育特点，不知道孩子什么情况应该重视，什么情况应该不当回事，一方面担心因为自己的不重视而影响了孩子的未来，另一方面又担心太过重视给孩子太大的压力，家长就会陷入两难境地。

第二节 拖延症妈妈，如何教育同样拖延的孩子

家长提问：

平时做事的时候，我就比较爱拖延，结果最近我发现，女儿也同样爱拖延。孩子是不是受到了我的影响，该如何应对这个问题呢？

云朵老师：

如今，做事拖延是很多人的通病。其实，在很多人眼里执行力超强的我，有时候也会拖延，不过一般都能在最后时刻完成。

做事拖延的人，多半会出现强烈自责情绪，强烈负罪感、自我否定、自我贬低，最后演变成焦虑症、抑郁症、强迫症等。很多人所谓的"拖延症"，其实并不太严重，而是一种坏习惯而已。

一、拖延的原因

孩子做事拖延，原因可能有以下几种：

（1）事情比较难，不知道如何做，选择暂时逃避。遇到比较难的事情，人们一般都会选择性地逃避，成年人是如此，孩子更是如此。比如，孩子写作业时遇到难题，如果不知道如何做，就会经常拖延，这时候就要给孩子提供帮助。总之，如果孩子是因为能力不够而无法解决，这样的拖延是可以改善的。

（2）事情知道如何做，但是内心不喜欢、抗拒，暂时不想做。比如，成年人在公司被上司指派做某件事情，虽然自己不愿做，又不得不做，就

会产生情绪上的对抗，继而带来行动上的延迟。对于孩子来说，同样如此。比如，孩子本来会做作业，但打心眼里不想做，自己也不知道为什么要做，自然就会磨磨蹭蹭。思维决定行动，想要改变行动，需要先调整思维。

（3）这件事会做也不抗拒做，但因为时间还早，暂时还不太着急，不如先忙当下着急的事情或先享受当下。这种情况，在孩子对待自己的寒暑假作业时会体现得淋漓尽致。在假期刚开始的时候，很多孩子会觉得反正不着急，先玩玩吧，到假期快结束了，才开始急急忙忙地补作业。不过如今的老师也很聪明，为了治疗学生的这种拖延症，假期开始之前就会将每一科目的作业计划表安排得明明白白，甚至具体到每一天，孩子只能按照计划执行。

（4）有的人思虑比较周全，做事情之前，总会反复思考几遍，将该想的问题都想到了，他们才会开始行动。这种不能叫拖延症，是一个人的思维习惯，该习惯会让他们更有安全感，有时候也会保护他们免受伤害，所以也是一项优势。利用这种天性来选择自己的职业，反而很有优势。

二、如何帮助拖延的孩子

了解了拖延常见的原因，就可以有针对性地解决问题了。那么，妈妈如何教育拖延的孩子？

首先，不要给自己和孩子贴"拖延"的标签，可以换一种说法，比如"你的速度还可以更快"，然后不断地对他进行暗示，改善孩子的这个问题。

其次，从改变自己做起，然后影响孩子。父母的影响力是巨大的，要先从自己做起。比如，告诉孩子，妈妈以前做事情的时候也要花好长时间，但现在我觉得这样不好，我要改变，宝贝可以监督妈妈哦！然后，家长将自己努力改变的每一步过程展示给孩子看，把自己改变之后的喜悦感分享给孩子，让孩子监督自己。如果孩子愿意，也可以鼓励他和你一起这样做；如果孩子不愿意马上改变，也不要强迫。育儿即育己，自己改变了，孩子也会改变。

最后，给自己和孩子时间，不能急于求成。要想保持一个好的习惯或品质，还需要不断巩固，中间可能会出现反复，不要着急，做到了就给孩子鼓励，做不到也不要灰心，然后再从决心、到行动、到习惯反复强化。同时，也不要太苛责孩子，偶尔的拖延不会影响学习和生活，也是一种放松，并无大碍。

第三节　4岁宝宝不爱学习只喜欢玩小汽车，怎么办

家长提问：

我家孩子4岁，只要一跟他提学习，他就会非常反感，抗拒得像个青春期孩子。从小他就喜欢玩小汽车，其他只要稍微需要动脑筋的益智玩具都不玩。如果逼迫他玩，他就立刻哭闹。我是该逼迫他，还是该放纵？这个年龄段的孩子，是不是该养成自主学习习惯呢？

云朵老师：

看到这个问题，我气得差点儿晕过去，深感家长的使命和责任重大，无知的爱有时候就是伤害啊！

在多年跟家长沟通的过程中，我发现多数家长对孩子的成长发育特点

确实太不了解了。总是站在成年人的角度考虑问题，不但自己痛苦，也会给孩子带来巨大压力。

4岁的小男孩，只喜欢玩小汽车，实在太正常了！这里，我也不知道家长所谓的益智玩具是什么？是早教机，还是其他什么玩具，为什么要强迫孩子玩不喜欢的益智玩具？为什么会觉得玩益智玩具比玩小汽车更高级？玩小汽车也可以学习啊！

我认识一个男孩就很喜欢玩汽车，从小就喜欢玩汽车，7岁上一年级，他已经是个妥妥的汽车专家了。走到小区里，看到一辆好车，他会恋恋不舍地盯着看好久，甚至趴在车上看，家长也不催他，静静地让他观察，还经常被人误会，这孩子对车的痴迷简直让人吃惊！

男孩对车的熟悉程度更让我震撼。他熟悉市面大多数品牌的车型，每类车型有什么特点、发动机是什么类型、车内配置如何，包括汽车灯有什么特点、后备箱有什么特点、最近哪些新车要上市、性价比如何，全都如数家珍。他甚至还给我提建议，阿姨你应该买什么车！我开玩笑说，你虽然刚上一年级，但比市面上多数汽车销售员都厉害！

这种孩子，学习力如此强，家长还会担心他的未来吗？

所以我给这个家长的建议是，4岁的孩子，不管是学习，还是玩耍，都要建立在孩子自己的兴趣基础上，不能以家长的意志为转移，更不要强迫孩子玩所谓的益智玩具。如果孩子只喜欢小汽车，就可以给孩子买各种车模，可以让孩子了解汽车的相关知识，可以让孩子数路上的汽车有几辆，可以了解各种不同的车型，可以给家人讲解各种汽车的不同，可以去看车模展，可以对比不同汽车的行驶速度……家长完全可以利用这个过程培养孩子的观察、总结、表达、动手等能力，拓展孩子的知识面和思维。

家长对于学习的概念定义太过狭隘，对儿童的发育特点了解过少，让一个 4 岁的孩子像成年人一样自主学习不喜欢、不感兴趣的事情，只会破坏孩子本来具有的学习力和好奇心，让孩子觉得学习很痛苦，说不准孩子还没上小学，就会出现厌学的情况了。

第四节 "只要你学习好，想要什么都给你买" 的说法正确吗

家长提问：

我儿子 4 岁了，奶奶为了鼓励他背古诗、学数字，说只要学习好，奶奶什么都给你买。我倒觉得，让孩子快乐一点儿，多玩玩儿，会更好。我和奶奶的做法，究竟谁对？

云朵老师：

对于 4 岁的孩子来说，完全可以背诗、学数字，但是注意一点，不能生硬地教孩子，要融入日常生活，融入游戏，激发孩子的兴趣。按照成年人的思维，可能会觉得学这些都是负担，孩子会不快乐。事实上，在游戏中学习这些内容，对孩子来说，都是学习和玩耍，毫无压力。

"你只要学习好，什么都给你买"，我认为这种激励方式不可取。一方面显得过于功利，另一方面也不利于孩子学习兴趣的培养和综合能力的提升。物质对孩子学习的刺激是一种外力，是有限的，当有一天任何物质都无法刺激孩子的学习兴趣时，又该怎么办呢？

未来社会，学习会伴随孩子一生，我们需要研究的是如何激发孩子内在的驱动力去自主学习，而不是靠外力的刺激去破坏孩子的积极性。另

外，学古诗、数字等只是一种狭义上的学习，以此来判断孩子的一切，并不可取。除此之外，还要注重培养孩子的思维、性格、生活能力、情商等各个方面。

孩子天生就具有思考能力，尤其是3—6岁的孩子，更喜欢学习，喜欢问问题，家人不要破坏孩子的学习兴趣。如果孩子古诗背得好、数学做得不错，可以给予他赞美和肯定，不需要向孩子承诺什么。即使是给孩子买玩具，也是出于对孩子的爱，是为了让孩子开心，为了让孩子的能力得到提高，而不是将孩子的某种表现跟玩具联系起来。

第五节　家长错误做法，让孩子成绩越来越差

家长提问：

我女儿9月上三年级，最近我俩的关系很差，我感到很郁闷，一句话都懒得跟她说。期末考试成绩出来，她的数学差几分，错失三好学生奖状。我拿过她的试卷一看，其实错题她都会做，只是粗心大意了。我没给她好脸色，她也感到很压抑。她平时成绩不错，考试基本都是前3名，关键时刻掉链子。我从不打骂她，她总是叫我相信她，我现在不想相信她了，我觉得棍棒教育可能效果更好，我之前对她太仁慈了。气死我了！

云朵老师：

首先，我们来分析一下孩子的心理。

我觉得孩子很无辜，平时学习成绩不错，仅因为期末考试把会的题做错了，差几分没被评上"三好"学生，就导致妈妈怒气大发，都不想理

她，不想跟她说话，甚至还打算要对她"棍棒教育"。孩子的内心是什么感受呢？我们来设想一下：

妈妈平时说爱我都是假的啊！原来只有我学习成绩好的时候才爱我啊！

妈妈发怒的样子好可怕，我怀疑我是她亲生的吗？

难道妈妈小时候每次都能考得很好，从不失利吗？

妈妈这么在意我的成绩，搞得我以后考试更紧张了，下次再考不好，她会不会不要我了？我是不是得离家出走？

我同学考得还没我好，可是她妈也没有很生气，还鼓励她下次努力，我好羡慕呀！

考得不好我也很难过的，那些题目我平时都会的，我也不知道为什么一考试就容易错，我应该怎么办呢？

我是不是确实很差劲儿，平时学习再好也没用呢？

如果家长能站在孩子的角度思考问题，可能就不会那么生气了！

对于二年级的孩子来说，考双百跟考 90 多分，本质上没有太大区别，因为学习这条路就是马拉松长跑，考试之路漫漫，并不能在开始就下结论。

对于考试这件事儿，我认为，成绩固然很重要，但看到孩子少得了几分，就大发脾气，甚至影响亲子关系，根本没必要，反而会得不偿失。

所有的教育行为都要以结果为导向，你发一顿脾气，棍棒伺候孩子，难道孩子下次就能考好？家长反复强调孩子一考试就掉链子，不断地进行负面强化，只会形成恶性循环，孩子反而会因为太紧张而产生心理阴影。

161

孩子从小学到高中，一共有 12 年，要经历无数次考试，有阶段考、月考，以及期中、期末考试，还有非常重要的中考和高考。之所以要进行考试，主要目的是通过考试来检验孩子的学习情况，发现知识的薄弱点和需要提高的地方，并通过考试来锻炼和提高孩子应考的能力、技巧和心理素质。

忽略了应考心理素质的培养和锻炼，甚至用"反其道而行之"的办法对待孩子，只能让孩子的考试成绩与他们的期待越来越远，不但影响孩子的自信，还会让亲子关系越来越紧张。

我上学的时候，考试从来不紧张，有时甚至还会超常发挥，平时不会的题目到了考试的时候一激动反而就会了。有很多同学平时成绩不错，结果一到考试时就方寸大乱，越重要的考试越容易失常，严重者还会失眠、大脑一片空白，就是因为他们太在意考试结果导致的。

我很感激我的父母，他们虽然也会因为我考得不错而开心，但对我的成绩从来没有强制要求，也不会因为成绩不理想而对我改变态度。尤其是到了初高中阶段，他们从来都不会担心我的学习，反而经常告诉我在学校要吃好、休息好，不要太用功，该休息就要休息，不要累着。我深切地感受到了他们对我个人的关心，而不仅仅是只关心我的成绩。

朵朵上小学的时候从没考过双百，我也没有提这种要求，她也出现过明明会做却做错的情况，我每次都会告诉她，这些都是非常简单的错误，以后你上初中就不会犯了。

她考了班级第一名，我会说，你确实很厉害，有这个实力。

她考得不好，我会说，你也得给别人考第一的机会啊，不然每次都是你，也挺没意思的！

朵朵现在已经上初三了，依然会将会做的题目做错。新冠肺炎疫情期间上网课效率不高，开学后成绩从年级前三落到了班级第六，我装作不知道，我并不希望因为这种事跟孩子过意不去，我坚定地相信她自己会调整好的。

开学后朵朵主动告诉我，成绩在一点点回升，现在基本达到以前的水平了。

还有两个例子：

第一个例子：

朵朵小学时期的一个好朋友，小学时成绩都是在班级20名左右，到了初中开始发力，现在是班级前10名，这孩子还说自己下一步目标是班级前5名。如果她考试成绩不好的话，父母就会拿棍棒伺候。很难想象孩子的内心有多么害怕和无助。

第二个例子：

朵朵小学时期的另一个好朋友，小学期间每次都是班级前3名，升入初中之后，数学跟不上，落到班级10名之外。

现实中，这种例子很多，看待孩子的成绩，不能只关注当下，应该将眼光放长远，要以动态的眼光看待孩子，永远对孩子充满信心。

我认为，小学阶段最重要的是培养孩子的学习兴趣。如果孩子不厌学并且可以进行大量的课外阅读，就能为初中阶段的学习打下很好的基础。中学阶段最重要的是学习思维和方法，到了高中阶段拼的是刻苦和努力。把顺序搞反了，效果多半会事倍功半，家长和孩子也都会感到很痛苦。

第六节　孩子不爱阅读，怎么办

家长提问：

我儿子今年5岁，却不喜欢读书，我该怎么办？

云朵老师：

现在中小学的教育，对孩子的阅读能力要求越来越高，家长都感到很烦恼。

孩子为什么不喜欢读书呢？下面就来分析一下：

第一，不爱阅读的原因。

（1）家长错过了孩子阅读敏感期，错过了最容易培养孩子阅读习惯的黄金期。

（2）家长引导方法不正确，让孩子更加不爱看书。

第二，哪些错误做法会导致孩子不爱读书。

（1）给孩子贴"不爱读书"的标签。

很多家长会反复在孩子和外人面前，强调孩子不爱读书。负面强化的作用很厉害，你越强调，孩子就越不爱读书。所以，要想引导孩子爱上读书，就要正向表达，比如，孩子比以前爱看书了，孩子越来越喜欢看书了。

（2）给孩子提供的图书资源类型单一。

有些家长，只给孩子买某些类型的书，而且大多是自己喜欢的类型，自己不喜欢看的类型就不给孩子买。有的书可能孩子当时不喜欢或不适合，孩子不愿意读，家长就以为孩子不喜欢读书。如果你愿意多尝试一些，你会发现总有一款是孩子喜欢的。

我女儿小时候，我给她买了各种各样的书，很多书都是我既不喜欢也不感兴趣的，比如，动物类的、天文类的、科学类的，以及艺术类的。其实，就是因为我不喜欢，所以我才更要给孩子买，因为只有这样，她才能比我优秀！有的书，她小时候不喜欢，长大了，理解能力增强了，就开始喜欢了。

（3）对孩子读书这件事太急功近利。

家长把读书当成了硬性任务，给孩子造成压力，孩子读完书之后，总是急切地问，有什么收获啊，里面讲了什么啊，你跟我说说。孩子如果表达能力不强，就会觉得很有压力，久而久之就不愿意读书了。

（4）家长的表达方式不合适，孩子出现逆反心理。

孩子本来还没有那么讨厌读书，家长硬逼着孩子读书，导致孩子出现逆反心理。

家长可以对照一下，自己有没有以上错误的做法，有的话就要立刻调整。

第三，给家长的建议。

（1）勾起孩子好奇心。

家长可以经常给孩子看一些好玩的笑话，或者小故事。讲到一半的时候就不要讲了，孩子要想知道结局，就让他先自己读。

（2）循序渐进，由少到多。

有一本《俗世奇人》的书，非常短且非常好看，里面的人物故事都很生动形象，我女儿看了很多遍。家长们可以给孩子选择这类书。

（3）从孩子喜欢的事情或者人物等方面入手。

很多孩子不喜欢读书，并不是什么类型的书都不喜欢读，只是因为家长没有找到让他感兴趣的书。比如，孩子喜欢足球，可以买一些跟足球有关的书，或者跟孩子喜欢的某个偶像有关的书。即使孩子短时期内不想读书，也不要强逼着孩子读，否则会影响亲子关系，结果只会适得其反。

（4）家长以身作则。

家长要反思一下，自己喜不喜欢读书？自己要不要做出改变呢？如果要改变，就先改变自己。家长经常读书，经常讨论书，孩子耳濡目染，也会喜欢上读书。

除了读书，还可以听故事，不但可以扩展孩子的知识面，还能培养孩子的专注力，增强亲子互动。

第七节　孩子在国外上幼儿园，被老师罚站，怎么办

家长提问：

我生活在西班牙，儿子今年4岁，上幼儿园小班，有一天他被老师罚站后哭了一天，还尿湿两条裤子，晚上睡觉折腾了好长时间。我们都很担心他，很想知道发生了什么事情。两天后，班主任喊我们单独开会，才知道他那天是因为不专心上课，还打扰其他同学听课，以至于让老师很难完成教学。到了午觉时间也不肯睡，老师生气了才罚他站的。

班主任还说儿子的专注力很差，不认真听课，跟班里另一位同样中国籍的同学结盟，喜欢倒在地上闹腾，甚至影响其他同学上课，老师只能让

他罚站，站在一边听课。但他不听老师的指令，即使罚站也没有用。

我跟孩子爸爸听了既心疼又担心。孩子在家里很听从指令，不允许做的事情提醒过一两次就会听。他能很专注地听我讲完一本绘本，还能独自认真地复述一遍，玩玩具的时候也很专注，怎么到了老师这里，就变成存在严重问题的小孩呢？我们不知道该怎么帮助孩子，怎么让他专注听课，怎么让他听老师话。我该怎么办？

云朵老师：

4 岁的孩子能持续专注 5—10 分钟就已经相当不错了。他也许对课程不感兴趣，觉得无聊，更有可能是由于听不懂老师的语言导致的。因为地域原因，4 岁的孩子不得不去学习和适应一种完全陌生的语言环境，这本身就是一个极大的挑战。

也许孩子已经因为多次听不懂而灰心丧气过，只不过他才 4 岁，不懂得如何表达而已。因此，不是他专注力不够，也不是他不听指令，更不是问题少年。家长需要做的是，帮助他适应西班牙语的学习环境，给他足够的耐心并鼓励他，陪伴他一起度过语言难关。

而那位老师的惩罚缺乏爱心和耐心，并不是真正有价值的教育，更多的是在发泄个人情绪，并没有做到真正尊重孩子。纪律固然重要，但不能为了教出"乖巧"的学生而一味地强调纪律，要在尊重不同个体的基础上，做出最适合的引导。对此，希望父母跟孩子站在一起，跟老师一起协商出更好的办法，隔一段时间再看看孩子的变化。

第八节　孩子做事没有毅力，可以用奖励来刺激吗

家长提问：

我家孩子上幼儿园小班，有时候早上起床晚，做事情没有毅力，给她报了英语班、绘画班和舞蹈班，有时候想去有时候不想去，我可以用积分奖励的方式吗？比如，每天如果能按时起床就奖励贴花花，去了兴趣班回来以后贴花花，根据积分多少给她买她平时喜欢的东西，这种积分的方式算物质奖励吗？

云朵老师：

孩子上幼儿园小班，推测年龄也就是三四岁吧！每天都能按时起床，这么多兴趣班每次都很积极地去上，在同龄的孩子中，能够做到的，不是没有，但非常少。即使是成年人，办了健身卡、报了瑜伽班，也会经常不想去。

朵朵上幼儿园，我没给她报什么兴趣班，早上起床有时候想起有时候不想起。所以，家长要从思想上意识到，三四岁的孩子，出现这种情况是非常正常的。对于这个年龄的孩子，用"做事没有毅力"来评价，不仅是一种负面的强化，也是极大的不公平，是一种期待值过高的表现。

妈妈可以反思一下，自己三四岁的时候做事情就很有毅力吗？自己现在做事是不是非常有毅力呢？

做事有毅力是一种非常优秀和可贵的品质，但并不是天生就有的，需要在成长的过程中不断培养。针对孩子不愿意起床的问题，可以看看是不是孩子睡得太晚，如果孩子长期跟着大人一样熬夜，第二天不想起床，就再

正常不过了。三四岁的孩子，在晚上9点左右睡觉是比较合适的。家长还可以和孩子商量一个特别的起床仪式，用孩子喜欢的方式叫他（她）起床。

至于孩子有时候不想上兴趣班，要具体问题具体分析，看看是不是给孩子报的班太多了，父母陪伴孩子自由玩耍的时间太少了。如果孩子只是偶尔撒娇似的不想去，父母坚持自己的意见就行。偷懒是人类的本性，不需要完全遵循孩子的本意，父母需要帮孩子养成坚持的习惯。如果孩子十分反感，非常抗拒去上课，就说明报的班可能不太合适，需要父母重新考虑、重新选择了。

在小学期间我给女儿朵朵报过跆拳道的班，结果她怎么都不肯去，我只好找老师退掉了。我还想给朵朵报钢琴和舞蹈班，她坚决不让报，只好作罢。现在她上初二，时间越来越紧张，周末也没时间去上兴趣班，更多的是自己画画和唱歌，作为娱乐放松项目。

现在，给孩子报兴趣班已经成为一种趋势，除了少数非常有天分和毅力的孩子，多数孩子最终都不会走专业路线，兴趣班课程一般持续到初中就很难继续了，所以家长要用平常心看待，同时鼓励孩子坚持下去，因为所有的学习经历都会变成孩子未来的财富。

至于要不要通过积分奖励的方式，我觉得也要根据孩子的年龄和具体情况来分析。在孩子年龄比较小的时候，可以通过贴花花积分奖励换礼物，用一下也未尝不可，但是我个人依然不建议长期使用。

在孩子五六岁之后，要慢慢地让孩子意识到，每个人都有自己应该做的事情，比如，孩子要起床、刷牙、洗脸，家长要起床、做饭、送孩子上学、工作……这些都不是想不想的问题，而是必须做的问题。如果做任何事情都要外在的奖励，最终反而会削弱孩子的主动性和享受做事情本身的乐趣。

当然，孩子偶尔晚起床一会儿，也未尝不可。孩子不是按指令工作的机器人，在生活中有张有弛的学习节奏也是一种平衡。

第十二章
6—18岁（小学、中学阶段）的学习问题

第一节　孩子的作业量是合理的吗

家长提问：

这段时间，孩子每天都要写作业到很晚。我突然想到一个问题，孩子的作业量一定合理吗？

云朵老师：

如果不仔细跟孩子沟通，不站在孩子的角度想问题，很多人都会觉得孩子是为了不想写作业找借口，会抱怨孩子学习不积极，比如其他孩子都能写，你为什么不能？可是，当我们真正站在孩子的角度去思考，一切又不一样了。

下面是我和咨询者的一段对话：

女孩："老师，我们老师每天都要布置很多作业，现在还加了写字课。"

我："你上几年级呀？"

女孩："我现在上二年级，下半年就升三年级了，写字课让我很

烦躁。"

我："你每天写作业需要多长时间呀？是写字课让你烦躁，还是写作业时间太长让你烦躁？"

女孩："其他作业我写得挺快的，一个小时就可以写完！老师布置的写字作业，我写得非常慢，一页都要一个半小时。"

我："需要那么久啊！光写字就要一个多小时，我也觉得有点儿久了，要写什么字，你能拍照给我看看吗？"

女孩："一个多小时算是好的，有时候都要两个半小时。"（我看了孩子拍的照片，一页有12行13列，一共153个字，每个字至少七八画，多的有十几画，很多字我都不认识，也不常用。怪不得孩子要写那么久，再加上孩子内心还有抗拒情绪，我顿时理解孩子了。）

我："你们现在开学了吗？这是学校老师要求的，还是你妈妈额外给你报的写字辅导班呀？"

女孩："学校老师要求的，原来没有这个班，因为有几个学生写字太难看了，老师就要全班同学都写。"

我："是不是上面很多字你都不认识？我看了下，有些字我都不怎么认识。抱抱你宝贝，你太难了。"

女孩："多数字我都不认识，我们已经写了一大半了，后面还有13画的字。好难呀！"

我："你觉得，这种练习对你有帮助吗？"

女孩："没有帮助。"

我："所以，你并不是不想写字，只是不想写这些不认识、对你也没有帮助的字，不仅花了很长时间，还让你心情不好，是吗？"

女孩："太对了！"

我："老师布置的作业不一定都是合理的，我觉得你和妈妈可以一起跟老师提一下，我们做作业的目的是让自己的字写得更好看，而不是为了让自己更烦躁。我觉得一二年级的学生写字，应该写课本上学的，或者是一些常用词语，从最简单的笔画开始练习，每天写半个小时就够了。其余的时间，多读一些书会更好。"

女孩："我知道了，可是没人敢跟老师这么说。"

我："我跟你妈妈说，让她跟老师说。"

女孩："我星期五作文刚得了一等奖，现在的好心情都被破坏了，幸好您跟我说了一下，我好一点儿了，谢谢你，云朵老师！"

我："你好棒呀！我以前三年级都还不会写作文呢，你太优秀了，我好喜欢你呀！"

第二节　孩子的作业不合理，要不要跟老师沟通

家长提问：

亲爱的老师，你关注过孩子的作业是否合理吗？你有尝试去跟老师沟通吗？

云朵老师：

如果孩子的作业不合理，完全可以找老师沟通一下。

下面是我跟一位家长的对话：

家长："我很害怕跟老师沟通，现在学校存在一种现象：老师认为对

的就是对的，如果说我们自身条件不好，直接跟老师去说，他们会认为我们家长过分，家长提出的要求很无理，根本就不会听。老师还会觉得你这个家长想搞特殊化，你凭什么？孩子在小学阶段，基本上都只跟着一个老师，老师会觉得其他孩子都没有意见，你凭什么提意见，凭什么对他们的教学提出不一样的声音。如果我们的老师都能从心理角度去感受孩子的内心，那中国的教育就好喽！"

我："你的想法我能理解，不过我觉得还是要争取，没有必要的作业为什么要做呢？既浪费孩子的时间，又起不到什么作用，还让孩子对学习产生厌烦情绪，得不偿失。还有，不要预设老师不听，多数老师都是很通情达理的，他们跟家长的目标是一致的——都是为了孩子。我闺女从小到大遇到的老师都很好，遇到问题，我都会跟老师沟通，有一次老师说要举办男女生比赛。我女儿觉得不合适，给老师写了封信，老师还赞扬了她。"

家长："是不是学校老师也知道你是亲子教育方面的专家，所以认可您的说法，而对于我们普通人，老师不会予以认可？"

我："他们并不知道我是做亲子教育的，不是这个原因。不过你跟老师沟通，也要掌握一定的技巧。首先，不要直接说老师这样做得不对，要认可老师的付出和本意。老师管理这么多孩子，确实非常辛苦，布置作业也是为了孩子能够将字写好，可能老师布置作业的时候没考虑这么多，不了解孩子在实际执行过程中遇到的问题，用比较温和委婉的方式跟老师沟通，老师是会接受的。"

不久之后，家长反馈："我按照您说的去跟老师沟通了，老师也同意了，谢谢你，否则我真没这个勇气。"

第三节　孩子对老师的做法有意见，怎么办

家长提问：

孩子放学回来后跟我说，老师有些事情处理得不太合适，想跟老师反映又不敢，我应该怎么引导孩子呢？

云朵老师：

这个问题我确实有一些经验。我女儿虽然被称为"学霸"，但她并不是那种非常乖的学生，平常也会跟我吐槽学校老师的一些做法，我经常会鼓励她跟老师反映，效果还不错。

关于老师，我会经常给孩子重复表达以下几方面的观点：

（1）多数老师都是爱孩子的，很通情达理，即使有的地方做得让孩子感到不满意，但他们并不是故意的。

（2）老师也是普通人，不是无所不知的神，也会犯错，也会有做得不当的地方，这些都很正常，家长们要理解。

（3）如果对老师的做法有意见或看法，可以带着自己的建议去跟老师沟通，如果合情合理，相信老师会接受的。

朵朵四年级的时候，语文老师在课上公布了一个男女生比赛的方案，她回家跟我说，觉得不太合理。

我鼓励她跟老师反映，她怕老师不同意，我说："你可以写封信，把

你的详细理由告诉老师，并且写上你的建议。说了老师也许不采纳，但至少也有一半的概率，不说老师都不知道你们的想法！"

朵朵接受了我的建议，趁午休的时间给老师写了封信。晚上放学回来，她告诉我，她的建议被老师采纳了，非常开心。老师还说，她写的建议非常有说服力，再也不敢小看作为小学生的她了。

这件事给了朵朵自信和成就感。后来很多时候，如果她对学校或老师的做法有什么想法，我都会鼓励她说出来。也许结果不一定那么尽如人意，但是尽自己最大努力去做了，就有可能让结果变得更好，孩子也不会留有遗憾。

上个周末，朵朵从学校回来又跟我说了一件事："你鼓励我跟老师反映的事情，我跟老师说了，不知道怎么被同学们知道了。多数同学都不敢跟老师反映问题，他们都说以后有问题让我反馈给老师。感谢妈妈赐予我勇气！"

第四节　小学生上寄宿学校，到底好不好

家长提问：

一位妈妈问我，如何让6岁的孩子乖乖地上学、乖乖地住校？她自己不愿意，但是孩子的爸爸、爷爷、奶奶都说这样可以锻炼孩子。

云朵老师：

看到这个问题，连平时不大生气的我也被气到了。家长想要锻炼孩

子，要循序渐进，比如，可以先让孩子参加历时几天的暑期夏令营，不急于在孩子刚上小学就让他去住校。

儿童对父母的思念是非常强烈的，如果我是这个孩子，我会非常难过。我一向不建议孩子上寄宿制小学。我有个好朋友，现在已经是成年人了。她父母的行为和想法比较超前，在她小学三年级的时候，就将她送进寄宿制小学。

我一直非常好奇，这段经历给她带来什么样的影响，我曾经就此事跟她深入交谈过。她说，她当时在学校感觉非常孤单无助，刚开始非常想念父母，后来只能接受现状。然后，慢慢变得独立，她觉得是父母不爱她了，觉得自己被抛弃了，对父母由爱生出了恨。她的性格本来挺开朗的，后来变得越来越孤僻，不愿意跟别人交流。

现在她虽然长大了，童年的心灵创伤却无法愈合。她知道父母非常爱她，但依然无法原谅他们曾经的做法。她现在跟父母的关系也非常疏远，无法跟父母好好相处。她说，以后如果有孩子，坚决不会让孩子再上寄宿制学校，那种很长时间见不到父母的感觉太痛苦了。

朵朵现在已经上初中了。这些年的育儿经历让我深刻感受到，孩子对父母的依恋和需要只能持续短短几年，他们很快就会长大，会越来越独立，也会离我们越来越远，能与孩子亲密相处的时间并不多，父母要且陪且珍惜！家长不到万不得已，不要把孩子送进寄宿制小学。

第五节　孩子上寄宿制学校，周末家长应如何做

家长提问：

我儿子上初中，读寄宿制学校，周末家长应如何和学校配合，让孩子更快乐地成长？

云朵老师：

首先，孩子上初中之后，就明显长大了，有了自己的想法和思考，不能再把他们当小孩一样看待。

女儿现在叫我"老妈"，没有以前那么黏我了，也不像以前那样一天到晚和我叽叽喳喳说很多话，她更喜欢和同学相处了。虽然还没有到逆反期，但我已经明显感觉她不喜欢我太唠叨，尤其不喜欢我重复强调一些事情。

五年级的时候，朵朵经常还会说自己只有七八岁，是个小宝宝。现在她跟我说起儿童节，都说那是儿童过的。我说你不是儿童吗？她说，老妈，我是少年，不是儿童了。

总之，初中的孩子跟小学的孩子相比，会有很多变化，家长要适应这种变化，再拿他们当小孩，他们会不乐意的。

孩子读寄宿制学校后，跟家长接触和沟通的机会也更少了，如果家长还跟以前一样，就连难得的周末，也浪费在唠叨孩子学习上的事情，这会

让孩子觉得你只关心学习和成绩，不关心他们，最终会让他们反感，让亲子关系变得疏远。

周末的时间很宝贵，应该多用来陪伴孩子。如果孩子愿意跟你讲学校里发生的事情，要耐心倾听，询问孩子的看法以及孩子需要什么帮助。当然，也可以问问孩子学习的问题，但不要让孩子觉得家长只在乎成绩。

事实上，孩子到了初中之后，家长能帮忙的方面已经很少了，更多的是依靠孩子以往养成的好习惯和不断增长的内驱力。如果孩子的思维和对于事物的看法有局限，可以对他们进行引导。要像朋友一样跟孩子交流，而不是像对待小孩子那样。

此外，还不能忘了表达爱。在孩子小的时候，我们经常会跟孩子表达爱，孩子大了有些家长就慢慢忽视了。其实，家长跟孩子表达爱，是不分年龄的。孩子无论年龄多大，来自父母温暖的、无条件的爱，都能滋养他们的心灵。

总之，对于初中的住校生，父母最需要做的就是适应孩子在成长中发生的变化，倾听孩子的心声，维持好亲子关系，相信孩子、鼓励孩子，给孩子提供需要的物质帮助和精神支持，像朋友一样彼此尊重，做孩子坚强的后盾。

初中的孩子再也不会像小孩子那样，觉得父母就是一切，他们会用自己的眼光来看待和评价父母，如果他们觉得父母不求上进、不学无术、不懂教育，还整天唠叨管教自己，就很容易产生逆反心理。

第六节 家长要不要陪孩子做作业呢

家长提问：

孩子过了暑假就要上小学了。有个问题我一直很纠结，到底要不要陪孩子做作业？有些专家说不要陪孩子，有的家长和老师说孩子小学阶段是养成良好学习习惯的开始，要陪孩子。我很纠结，到底该怎么做？

云朵老师：

在孩子的作业问题上，我不太主张家长像"监工"一样，坐在孩子身边盯着孩子做作业，也不主张帮孩子检查作业。作业本来就是孩子的事情，家长干涉的"外力"越多，越不利于激发孩子主动学习的内驱力。最终的结果就是孩子和家长都苦不堪言，对于孩子成绩的提高和好习惯的养成没有任何帮助。

可以想象一下，自己在单位上班，老板一天到晚盯着你工作，你是一种什么样的感受？做完了作业习惯于依赖家长帮助检查的孩子，即使看起来作业完成得很好，但考试时也会粗心大意、丢三落四。孩子每天都在辛苦做作业，连基本的自我检查能力都没有练出来，就有些本末倒置了。

此外，这里还涉及语言表达问题。催促孩子"快给我把作业做完""快去给我学习"，这种表达本身就是有问题的，孩子会觉得是给你写作业，而且是件苦差事。看到写作业不如吃东西、看电视玩有意思，孩子自然就越来越不愿意写了，只能向后拖延。

朵朵上学之后，我从来都没陪她做过作业，也没有给孩子检查过作业，偶尔遇到她不会做的，她也会问我，但多数时候她都是自己思考。在她低年级时，我更关注的是她听课和学习时的姿势。

如果家长之前一直陪孩子做作业，帮孩子检查作业，打算孩子上小学后慢慢放手，应该怎么做呢？

一是可以先让孩子自己做作业，家长在旁边看其他书。然后，过渡到孩子做作业，家长只负责提醒时间，最后到完全放手。

二是从帮孩子检查所有的作业，变成帮孩子抽查作业，最后过渡到孩子自己检查。

三是在这个过程中，孩子只要有进步，父母就给孩子鼓励和赞美，引导孩子不断进步。

记住：孩子做作业不是目的，作业做得全对也不是目的。做作业的目的是复习巩固知识，查漏补缺，看到自己的不足，锻炼思维能力，不断提升自我检查的能力，学会自己管理学习时间，提升学习效率。

第七节　孩子做作业拖拉磨蹭，怎么办

家长提问：

小女儿今年6岁，上学前班。老师每天都会给孩子布置写字的作业，只有一张纸，我女儿却总是写两个字就玩一下，等大人发现后批评她，她才会继续做。她每次做作业都用很长时间。我想让她快些，又想让她写好，可是又不知道采用什么方法，我该怎么办？

云朵老师：

孩子积极主动地做作业，做完作业再玩，作业做得又快又好，是每个家长的心愿！然而，理想很丰满，现实很骨感，这也是很多短视频和文章都在说"不提作业母慈子孝，一提作业鸡飞狗跳"的原因。

可能家长觉得写一页纸很简单，但对于6岁还没有上小学的孩子来说，写字很累。能够将字写得又快又好，当然是最理想的。不过，这本身就是个矛盾。我女儿都上初三了，也不能做到写得又快又好。所以，大人要理解孩子，不能"站着说话不腰疼"，一会儿让孩子快点儿写，一会儿让孩子专心写，孩子可能也会感到无从下手。

对于刚开始学写字的小朋友来说，在无法同时满足又快又好的前提下，因为涉及写字的规范问题，我觉得写得认真比速度快更重要，等熟练了再提高写字速度。

孩子刚刚6岁，还在上幼儿园，还没进入小学阶段，家长不要花费大量的时间和精力与孩子在写作业上较劲儿，要多陪孩子课外阅读，让孩子养成阅读的习惯，增加孩子的知识积累。等到孩子上初中了你会发现，孩子在幼儿园、小学写了多少作业、是不是又快又好，都不重要，也不能决定孩子的成绩。而读了多少书、眼界的开阔、理解能力和专注力的提升、思维的锻炼，才会真正影响孩子的成绩和未来。

很多孩子有一边写作业一边玩的情况，如何才能慢慢改掉他们做作业拖拉的习惯呢？不断催促孩子，甚至在旁边监督孩子，并不能取得理想的效果，反而会起反作用，让孩子更讨厌做作业。

如何做才能既有效又不会引起孩子反感呢？我有几个建议：

一、为什么要做作业

在孩子刚开始做作业时，要不断地跟孩子强调为什么做作业：是为了掌握所学知识。如果孩子确实很优秀，也可以直接跟老师沟通，不做或少做作业。如果孩子掌握的知识不牢固，作业就很有必要了，要告诉他，对于一个自己必须要做的事情，根本就不用考虑自己是不是喜欢，即使不喜欢也要做，既然一定要做，不如早点儿做完早点儿玩。

二、让孩子自由安排自己的作业和玩耍时间

孩子放学后，吃完饭马上写作业，其他什么也不干，直到写完了再玩儿。这当然是个很好的习惯，但是我觉得，父母也要站在孩子的角度考虑。孩子在学校紧张学习了一天，回来之后完全可以先放松一下。就像我们成年人，有人喜欢回到家马上做饭，有人回家会听听音乐、玩会儿手机，然后再做饭。

自觉的前提是自由，首先要给孩子自由安排的权利。如果孩子安排得不合理，再进行调整；如果孩子安排得乱七八糟，既没写完作业也没玩好，也不要着急，更不要打击孩子"你看看你就是不会安排时间"。可以对他说，妈妈小时候也是这样，刚开始也不会安排，后来我是先做完作业再玩，做作业先做简单的，再做难的，这样下来用的时间最少、效果最好。我们可以给孩子提建议，但要尊重孩子的选择。不给孩子自我调整的机会，就无法激发孩子的内驱力，孩子更不会安排自己的时间。

三、帮孩子计算做作业的时间

对于6岁的孩子来说，根本就没有时间概念。虽然我们觉得孩子做作业很慢，但孩子的大脑并没有具体的概念，所以，首先要培养孩子的时间观念。假设孩子一开始写完作业需要2个小时，父母可以给他设目标："看看今天能不能1个半小时完成呀！"如果孩子能完成，可以给予肯定："宝贝，做作业越来越快了，比昨天提前了半小时呢！今天妈妈可以陪你玩一会儿游戏哦，也可以做你喜欢做的事情哦！"

朵朵上小学的时候，也会遇到不想做作业或做事比较拖拉的情况，但是她喜欢我陪她玩儿，我就用这种方式，效果很好。但不要反复强调"孩子做作业慢""孩子做作业拖拉"等概念，要在孩子表现好的时候给予强化，告诉孩子：这次做作业很快，还可以更快。孩子尝到甜头了，就会更有信心。

四、不要怕孩子做不完作业

对于孩子来说，上学时老师已经给了一定的压力，家长就不要再给孩子压力了。如果孩子今天因为拖拉没有做完作业，临近睡觉时间时，可以给孩子几个选择：

（1）继续做作业，直到写完，家长可以去睡觉不需要监督。

（2）不做作业了，直接睡觉，承担不做的后果，到学校了被老师批评。

在做作业这件事上，要尽量给孩子自由，同时给予孩子一定的建议和指导，允许孩子走弯路，同时肯定孩子，要相信孩子会越来越好。时间长了，孩子的内驱力就会越来越强，做作业的速度也会提高，父母就不用操心了。

如果不相信孩子，总是当监工，要求孩子每天又快又好地完成作业，只要没达到自己的预期，就唠叨说教甚至打骂，不给孩子自我调整和成长的空间，孩子就会变得越来越拖拉。

第八节　孩子考得好，要不要奖励

家长提问：

考试结束，孩子的成绩不错，要不要奖励？反之，如果他考得不好，要不要惩罚？如何把握尺度？

云朵老师：

下面来给大家分析一下：

我女儿朵朵从三年级开始，除了偶有失误，期中和期末考试多数都是全班第一，最好的成绩考到年级第一。

不过我既没给她特别的物质奖励，也没有跟她说，你要考好了奖励你什么，更没有说考得不好将会面临怎样的惩罚。

我觉得，家长的物质奖励，短期看也许有点儿作用；长期来看，并不能激发孩子的学习积极性，反而会破坏孩子的学习积极性。

有个妈妈跟我说过一件事：她儿子考试完，很兴奋地跟她说，妈妈我考试得了双百。妈妈想起我曾经教她说的"学习是孩子自己的事情，孩子考好了也不能奖励"，就淡淡地跟孩子说："噢！学习成绩是自己的事情，你不要想着向我要什么奖励。"我听了之后，真是哭笑不得。

我确实说过不要特意去奖励孩子，但这样对待孩子的成绩，也未免显得有些太不近人情了。这就相当于你参加了一个比赛，得了第一，兴奋地跟你老公分享："老公，我拿了第一名！"如果你老公淡淡地说："这是你自己的事情，跟我没关系……"你会不会气得一个星期都不想理他呢？

那么，为了鼓励孩子更好地成长，到底应该如何对待孩子的考试成绩？

一是考试前。

（1）不说负面的、威胁孩子的话。比如，"你考不好，就给我等着""你考不好，我就不喜欢你了"之类的话。这些话不但对提高孩子成绩没有任何帮助，还会伤害孩子，破坏亲子关系。

（2）给孩子鼓励，相信孩子。比如，"我相信你，加油！""你一定可以的！考不好也没关系！"如果孩子自己很紧张，担心自己考不好，你可以安慰孩子："没关系的，考试就是一次次的练习，我相信你！这次考不好，还有下次。无论考试结果好不好，爸爸妈妈对你的爱都是不变的，你发挥你的水平就可以了。"

（3）不用反复叮嘱孩子。有的家长喜欢给孩子贴不好的标签，比如，"你就是容易粗心""千万不要紧张""一定记得检查"等。这些道理孩子都明白，说多了也没用，反而会增加孩子的紧张感。要相信孩子有能力自我调整。

二是考试后。

如果孩子考得不错，主动告诉你成绩，虽然不用物质奖励，但也不要太冷漠。可以说："考得真不错啊！你就是有这个实力！""有这么个优秀的孩子，妈妈感到真骄傲！好开心呀！""我们今天吃点好吃的来庆祝一下！"

千万不要说："不要骄傲，下次加油会考得更好点儿。"这样，只会让孩子感到沮丧。

如果孩子平时成绩不错，偶尔考试失误了，孩子感到很难过，就要告诉他："没关系，人生就是一场万米长跑，整个上学期间要考试至少几百次呢，每次考试都是一次经验总结，不用因为一次考试不好就伤心难过。战场上没有常胜将军，考场上也没有人永远考得好，就连'学霸'也做不到。'胜败乃兵家常事'，不要太在意。你每次考得好，偶尔也要给别人一次展现的机会嘛！"

如果孩子平时成绩就一般，或者不太好，考试成绩一般也是正常发挥，不要打骂孩子，可以帮孩子检查一下试卷，看看有没有本来会的题因为粗心做错的，并告诉孩子："我知道平时你一直在努力，这才是你的实力！爸爸妈妈相信你，下次一定更好！"平时也要努力发现孩子的优点，告诉孩子哪里做得好，让孩子有自信心和自我价值感。

总之，要多鼓励孩子，不能以成绩论输赢，不能以成绩来判断孩子的全部，更不要因为孩子考试成绩差了，就打骂、侮辱孩子。很多家长本意是好的，但这种行为会让孩子觉得，家长只关心成绩，不爱他。如果让孩子有了这种感觉，说明家长的行为方式需要调整。

我们要做一个有人情味的家长，感受孩子的喜悦，理解孩子的失落，肯定孩子做出的努力，始终相信孩子。

第九节　孩子考得好，主动要奖励，怎么办

家长提问：

我没打算主动给孩子物质奖励，但是孩子考得不错，想要些奖励，怎么办？给不给？

云朵老师：

这个问题其实很容易处理。既然孩子要奖励，你完全可以说："好啊！奖励你大大的抱抱，我们晚上吃好吃的庆祝一下！你确实太优秀了！你真是我的骄傲。"（配合表情和动作）

朵朵每次考试取得好成绩时，我都是这样做的，孩子也很开心。孩子需要的不一定是物质奖励，而是家长的认可和关注。如果孩子确实需要家长给予物质奖励呢？我们来分析一下这个问题。

孩子的任何行为背后，都有根源和需求。孩子为什么会借着考试的机会，跟家长索要奖励呢？很可能是他平时有一些需求没有被家长满足，聪明的孩子只能趁自己考得好、家长高兴的时候提要求。理解了这种行为背后的根源，就知道如何解决了。

首先，如果孩子的要求合理，就可以满足他，并告诉他："妈妈给你买这个是因为你需要，妈妈爱你，想让你开心，不是因为你考得好。你平时需要什么，就可以提出来，只要觉得可以，我就给你买，不一定要等到考试好了再说。"如果完全没必要买，可以拒绝孩子，同时说明不买是因为这个东西你暂时还不需要，不是因为不爱你。

其次，现在大家的物质生活条件都越来越好，如果孩子提的要求不太过分，就可以适当满足，有时也可以拒绝。

有的家长可能会担心：经常满足孩子的要求，会不会让孩子变得贪得无厌、得寸进尺呢？这是家长本质上还是不相信孩子。对物质有很深的匮乏感、什么都想要的孩子，最缺乏的是爱和关怀。在他们得不到的时候，只有退而求其次，不断地跟父母索要物质。

用成年人来举例子，也许更容易理解。

情景 A：

女人和男人结婚了，男人非常爱这个女人，对她关怀备至，每天赞美她，拥抱亲吻她，只要有时间就陪她。他经常说的一句话就是我是世界上最幸福的男人。女人每天都能得到男人爱的滋养，觉得自己非常幸福，她就不会整天跟闺蜜吐槽，嫌弃老公不给她买名牌包包。多数女人都是容易满足的，得到了很多爱，就不会再奢求很多礼物。当然，如果男人再聪明点儿，学会适当地送礼物，女人幸福感就会更加爆棚！

情景 B：

女人和男人结婚了，男人每天都对女人冷淡疏离，不关心、不照顾她，什么亲密动作都没有。时间长了，女人已经不期待男人能给她什么爱了。如果男人很有钱，经常给她钱花，给她买一些礼物，这段婚姻她也能坚持。可是，如果男人既不给她爱，又不给她物质，她一定会绝望，觉得自己是全世界最可怜的女人。

其实，孩子也是一样。他们不停地要各种物质，本质上是缺乏很多的关爱。如果孩子的内心是被爱滋养的，是丰盛的、满足的，就不会贪得无厌、得寸进尺。

很多家长口口声声说信任孩子，但骨子里并不相信孩子，潜意识总担心孩子变坏，其实这也是对自己的不信任。记住，信任孩子，就是信任你自己。笃定的信任，是一种极其强大的能量，会带给你无数惊喜。

第十节　孩子一练琴就狂哭，怎么办

家长提问：

我儿子 8 岁，一练钢琴就狂哭，拒绝练习，抵触情绪非常大，我是让孩子放弃，还是狠心逼孩子坚持？

云朵老师：

孩子抵触练钢琴，强制让孩子去做，效果肯定不好。家长可以问问孩子，同时跟孩子的钢琴老师沟通一下具体细节，看看究竟是什么原因导致孩子不愿意学钢琴。

在孩子学习兴趣特长的时候，确实容易出现想放弃的时候，通常有这样几种可能的原因：

第一种：孩子不喜欢、不愿意学，一开始是迫于家长的意愿去学的，感受不到快乐和成就感，再加上每天都要练习，负面抵抗情绪积累到一定程度，就会爆发。如果是这种情况，家长可以考虑放弃，强扭的瓜不甜，不能把自己的意愿和没有实现的梦想强加给孩子。家长心累，孩子痛苦，长期下来，不但会影响亲子关系，还会影响孩子的心理成长。

第二种：孩子有一定的音乐天赋，一开始还愿意学习，后来进入枯燥的练习阶段，觉得没意思，想要放弃。如果是这种情况，家长可以看看是不是考级给孩子的压力太大，可以让孩子放松一下，也可以让孩子根据自己的爱好练习歌曲等，想办法让孩子有成就感，孩子就会愿意练习了。

第三种：孩子遇到了困难和瓶颈期，缺乏挑战的精神。遇到这种情况，可以鼓励孩子不断挑战自己，家长在生活中也要多给孩子展示不断挑战自我的例子。拥有挑战精神的孩子，不仅可以练好钢琴，还可以克服困难。

如果孩子抵触情绪已经非常严重，就要想办法消除孩子的负面情绪，不能不管不顾地逼迫孩子继续练习。

在朵朵五六岁的时候，我让她学钢琴，她死活不愿意，对其他乐器也不感兴趣，我只好作罢。现在朵朵已经 13 岁，反而会经常在家练习唱歌，还主动说想学一门乐器。

一直以来，我都是用动态的、发展的眼光来看待孩子，而不是一看到孩子不想练习就觉得惊慌失措。即使孩子现在暂时不想练习，也不代表会永远放弃。记住，家长心态平和，乐观淡定地看待问题，详细了解事情的前因后果，处理好孩子的情绪，维护好和谐的亲子关系，让孩子开心更重要。

第十一节　如何培养孩子自己做事的习惯

家长提问：

我女儿今年 6 岁上小学，现在我开始有意识地锻炼她做事，比如洗脸洗脚，如果心情好，她也会自己洗；心情不好，就让我给她洗。有没有什么好的方法，让她每天都乖乖地自己洗呢？

云朵老师：

这位家长的思维存在一种完美主义的倾向，希望孩子像机器人一样，可以听从指令无差错自动运转。对待孩子的任何行为，要建立的思维模式是孩子为什么会这么做？他们的内心在想什么？他们渴望得到什么？

6 岁的小女孩，完全有能力自己洗脸洗脚，为什么心情不好的时候要妈妈给洗？是妈妈给她洗得更舒服吗？未必！其实，她是在用自己的方式跟妈妈撒娇。就连成年人心情不好的时候也会犯懒，也希望有人照顾自己，何况一个 6 岁的孩子！孩子之所以要这样做，其实更多的是希望妈妈能多陪陪她。

每个人都有心情不好的时候，孩子也是如此。家长首先要从情感上接受孩子的这种状态；其次可以通过不断尝试帮孩子找到让心情变得更好的方法。另外，孩子让你帮忙洗脸洗脚，如果你不想做，完全可以说："你是不是就想让妈妈陪着你呀？那你洗的时候妈妈在旁边陪你好不好？"或者说："咱们商量个事情，洗脸洗脚你以后都自己做，妈妈每天陪你一起看书、听故事、玩手工、玩游戏等，好不好？"

如果孩子做得不错，就给予她肯定："宝贝越来越独立了，自己做得越来越好了，比妈妈做得都好呢！"

想让孩子成为什么样的人，就要在她做得不错的时候，给予她肯定。挫败感不能让人重复做一件事情，但成就感可以。

第十二节　四年级孩子不想写日记，怎么办

家长提问：

我女儿上四年级了，她每次写日记都很烦躁，哼哼唧唧说没什么可写的，不想写，怎么办？

云朵老师：

对于让孩子写日记的问题，我估计小学老师应该更有发言权。不过我也指导过我的孩子写日记，效果还不错，所以给大家分享一些经验。

一、正确认知

从三年级（有的地方二年级就要求了）开始写日记，是很多小学老师的要求。我记得我上小学的时候，都是这样要求的。作为一项必做的作业，每天写日记确实很有意义，可以训练孩子观察生活的能力，也可以提高写作水平。所以，对于写日记这件事，家长首先要有正确的认知。

我的处理方式：告诉孩子，老师为什么让写日记，有什么作用。同时告诉她，世界上有些事情，不是我们想做就做、想不做就不做的；有些事无论是不是喜欢，都要做，比如写日记。不是只有你要写日记，妈妈在你小时候也要写日记，否则你长大后就没办法看到自己小时候的那些趣事了。既然是必须做的事情，烦躁、哼哼唧唧、不想做、拖延，都没有意义，最后还是要做，倒不如想想如何才能做好。

二、做法指导

很多孩子不想写日记，倒不是不想做，而是因为他们的观察能力有限，生活中找不到素材，实在不知道写什么，家长要在具体做法上给孩子提一些建议。我分享一些我的做法：

（1）善于发现生活中的事情，一发现素材，就及时告诉孩子。比如，家里养了两盆桂花，最近开得比较好，一盆叶子大一些花少一些，另一盆叶子没怎么长但是花非常多；桂花还分为很多品种，比如金桂、银桂、丹桂、四季桂等，桂花可以做点心，可以泡茶等，顺便告诉孩子一些知识。

（2）为了让孩子的日记有素材可写，我们还会特意去做一些事情。比如，专门带孩子去大棚里采摘圣女果，让孩子看到圣女果生长的样子：圣女果除了我们平时常见的红色，还有绿色的、黄色的，很好吃。我们还跟老板买了几个巨大无比的彩椒。回到家后，我们会把家里的大蒜泡上水，让大蒜长出蒜苗，蒜苗每天在长大……这些内容都可以作为日记的素材，让孩子记录下来。实在没什么可写了，还可以写读书的读后感、看电影的观后感等。

孩子知道了为什么要写以及如何写，写日记就不是什么难事了。如果家长再对孩子写日记的行为进行鼓励，孩子有了成就感，尝到了甜头，就会爱上写日记的。

第十三节　看到孩子没完成作业，忍不住发火，怎么办

家长提问：

我昨天忙到很晚，让女儿（8岁、二年级）自己做作业。早上看到有几道题她没有做，我顿时就无法冷静，忍不住发飙了。一年级整个学期都很好的，到了二年级变"油条"了，是我对她要求太松了吗？

云朵老师：

孩子为什么突然变成这样，一定是有原因的。这学期发生了什么呢？你家里是不是只有一个孩子呢？你是不是最近非常忙呢？她在学习上遇到了什么困难呢？在学校发生了什么不愉快的事情呢？

面对孩子，我总是先看到孩子好的一面，在认可孩子的基础上，孩子才愿意听你讲话，如果自己对孩子异常挑剔，她怎么会愿意跟你沟通呢？就像我们在职场上，偶尔工作失误，领导把你叫过去，噼里啪啦说你一通，你是什么感受呢？是不是气得都不想干了？但如果领导把你叫过去，先表扬一顿，说你某项工作一向都做得很不错，我们也很认可你，只是最近的这次工作失误，我想了解一下是什么原因？是工作遇到困难，还是家里有困难？需不需要帮助？此时你一定也会觉得："哇！领导真暖心，我下次一定再仔细一些，不能再犯错误了。"

跟孩子沟通也一样。孩子最需要的是父母的爱和认可，一旦内心得到

了满足，就会自发地生成学习动力。

孩子以前一直很好，这次只是几道题没做而已，没有父母想象得那么严重。很多时候我们生气、发火、愤怒等，只是因为我们的认知还不够，局限在自己的思维圈子里出不来，而且想象力太丰富，从现在想到未来，不断地自己吓自己。家长只有不断提升自己的认知和思维，学会淡定从容地面对世界万事万物，心态才能越来越平和，也就不会因为一点儿小事就对孩子发火了。

第十四节　为什么你们都在玩手机，我却要学习

家长提问：

我儿子 12 岁，上五年级，不愿意上网课，不想学习，喜欢玩手机，沟通不了，还控诉："为什么就我一个人要学习啊！爸爸在玩手机，奶奶在手机上打牌，爷爷也玩手机！"我该如何应对？

云朵老师：

不可否认，这个孩子非常可爱，很聪明，也很有思想。首先要肯定他的善于观察和总结。不过要知道，孩子的思维还不太全面，要通过引导来扩展孩子的思维："看到爸爸、爷爷、奶奶在玩手机，没错！那你再想想，除了玩手机，他们平时还做了什么呢？"

孩子说出来了之后，再给孩子总结："无论是大人还是孩子都有自己的任务，有自己必须要做的事情，学生的主要任务是学习，学习累了，作业做完了也可以玩。而家长的任务就有很多，比如，工作赚钱、做家务洗

衣做饭买菜打扫卫生、照顾孩子、辅导作业等，爸爸除了看手机，也要工作赚钱……"首先肯定孩子，让孩子认同你，然后再通过引导，孩子的思维就不再局限在"为什么全家人都在玩手机，他却要学习要做作业"的问题上了。

"身教胜于言传"，用行为影响孩子比唠叨几百遍都管用。要想让孩子积极主动地学习，父母就要给孩子做个好榜样。不仅要坚持学习、看书、听课、学习新技能等，保持与时俱进，还要和孩子分享自己的学习体会，做终身学习者，建立学习型的家庭。在这种家庭环境下成长的孩子，学习就不再是任务而是一种习惯了。

我女儿小时候也问过我，为什么小孩要写作业，大人都不用写作业？

我是这样回答的："我每天比你写得还多呢！你要写几百字的作文，我每次讲课都要写几千字呢，还要发朋友圈，还要回答别人的咨询，每天要做很多事情，这都是我的作业。你的作业有家长指导、有老师教，我的作业都得自己研究，没有人教。"

结果，孩子开玩笑说，妈妈你太难了！

陪伴孩子成长的这些年，我不断地突破自己的舒适区，发挥自己的潜力，调整自己的心态，开拓自己的事业，更新自己的思维，用自己的力量帮助更多的人，也为孩子树立一个好的榜样，让孩子以我为起点不断超越。每个家长都希望有一个让自己骄傲的孩子，同样，孩子也希望拥有一对让他们骄傲的父母。

第十五节　如何正确地给孩子施加压力

家长提问：

如何正确地给孩子施加压力？

云朵老师：

来自外界的压力，可能会让孩子表现得更好。但在家长的压力下去做事的孩子，内心是痛苦、抗拒的，内驱力也很难激发出来，无法真正发挥自己的优势。所以，我认为，"正确地给孩子施加压力"本身就是个谬论，我更愿意用"如何帮孩子建立梦想和制定目标"来表达。

梦想是远大的理想，就像撒在孩子内心的种子，会让孩子的人生充满力量和希望，更愿意主动做事。有梦想的孩子，是自信的，是快乐的，是前途无量的。那么，怎样让孩子找到自己的梦想呢？

可以为孩子提供各种条件，比如，看一些名人传记、优秀人物的故事或视频，带孩子多出去走走，看看名山大川，了解全世界各种人的生活方式，带孩子参加各种社会活动，同时鼓励孩子表达自己的看法。

当孩子说出自己的梦想时，不要嘲笑孩子不自量力，更不要打击孩子。无论孩子有什么样的梦想，都要表示支持，同时可以询问孩子详细的细节，让梦想更具体。比如，孩子说想建世界上最高的大楼，就可以问孩子，你要建的大楼是多少层啊？多高啊？大楼里面都有什么？可不可以把你想建的大楼画下来呀？从而把孩子的梦想具体化。随着年龄的增长，孩子的梦想也许会变化，但只要有梦想，就值得被尊重。

除了梦想以外，还要有具体的执行计划。

我们国家有五年计划、十年计划，在孩子成长的过程中，我每年都会确定孩子的教育计划：

孩子2—3岁的时候，重点提升他们的社会交往能力；

孩子4—5岁的时候，重点培养他们的独立阅读习惯；

孩子上了初中，目标从培养学习能力转向了培养独立的生活能力，比如，自己收拾整理房间，学习做饭等。

我们还可以鼓励孩子制订自己的成长计划。原因就在于孩子自己制订的规划往往更容易自觉执行。家长按照自己的意愿给孩子做规划，孩子觉得自己被管理、被控制，就容易产生反抗心理。让孩子自己制订规划然后去执行，在执行的过程中不断进行调整，一开始也许不是尽善尽美，家长要耐心地给孩子调整的时间。

记住，所有的教育行为，都是为了培养孩子的内驱力，都是为了增强孩子内在的力量，这也是父母给孩子最大的财富。

第十六节　孩子完全没有学习的兴趣，怎么办

家长提问：

初二的孩子，完全没有学习的兴趣，怎么办？

云朵老师：

在跟我咨询的家长中，不喜欢学习的孩子非常多；完全没有学习兴趣

的孩子，也不少。

孩子的任何行为都是有原因的，不爱学习的表层原因常见的有几种，比如，学习能力差、学习吃力、贪玩儿、沉迷于玩游戏等，深层次的原因又是什么呢？为什么贫困山区的孩子，不用父母操心，孩子反而很主动地学习？

人类的本能都是"趋利避害"的，如果某件事能让他尝到甜头，做起来很开心、很放松，多数人都愿意做。孩子不爱学习，跟成年人不愿意上班本质上是一样的，就是做这件事情他们找不到快乐，很痛苦。

如果不上班，成年人就会被饿死，要承担后果；上班，至少还有钱拿，可以买自己喜欢的东西，还可以在下班后做自己喜欢的事情。所以，多数成年人即使从事着自己不喜欢的工作也会坚持，大不了换一个自己更喜欢的工作。孩子则是比较"短视"的，他们喜欢吃好吃的零食，喜欢玩儿让自己放松的游戏，喜欢和同龄人玩，因为这些事情都能让他们立刻尝到甜头，自然就愿意去做。

我小时候生活在农村，家里条件不好，家长对于学习这件事也不太热心，能学习固然不错，以后可以不用做苦力了，学习不好的话在小学或初中毕业后只能下地干活。家里还有两亩地，反正也饿不死。所以，为了让孩子好好学习，有些家长常说的一句话就是："不好好学习，回家跟我干活去！"

酷热的夏天，炙热的太阳下，即使什么都不做都会汗流浃背，何况干起活来，那种滋味哪有读书学习舒服？想想一辈子都要这样干，又怎么会甘心？相信那些主动学习的孩子或许都有这种心理吧！他们虽然不能马上尝到学习的甜头，却可以体会到不学习的苦头。没有对比就没有伤害，学习可以改变自己的命运，孩子自然会作出对自己有利的选择。

为什么现在很多孩子不喜欢学习？因为他们既不能马上尝到学习的甜

头，也不能马上体会到不学习带来的苦头。即使不学习，也能吃到好吃的食物，住舒服的房子，玩好玩的游戏……生活已经如此惬意，学习不好还要挨老师的批评、家长的打骂，谁还愿意去学？

初二的孩子已经有自己的想法了，如果孩子完全不想学习，父母的强压只能让他们更反感，并不能从根本上解决问题。那么怎么做才能更好地解决问题呢？家长可以和孩子像成年人一样心平气和地谈一谈，问问孩子为什么不愿意学习？孩子需要得到家长什么样的帮助？问问他有什么打算？如果孩子实在不愿意学习，就告诉他，以后不用学习了。但是，既然不学习了，那就要开始工作，你要养活自己。这时候，可以带孩子去做些简单的工作，比如，在街上发传单、批发一些水果让孩子去卖、带孩子到贫困山区体验当地孩子的生活和学习环境、带孩子去福利院做义工等。

这样做会出现两种结果，孩子觉得这种生活很累，还不如学习好。还有一种可能就是，即使这样孩子也觉得不错，还是不想学习。没关系！要明白，读书并不是唯一的出路，我们之所以要送孩子读书，是为了孩子能明事理、增强孩子的逻辑和思考能力、让孩子长见识、让孩子成为对社会有用的人，让孩子的人生过得更幸福更有价值。最好的教育，可以激发孩子内在的生命能量。只要生命能量能够被激发，孩子能够觉醒，即使只有初中毕业，同样也能过得幸福。生命能量被压抑，即使读到博士，依然不会快乐。

学校的考试评估制度，会让部分孩子的优势和能力无法展示出来，但是进入社会后，他们反而过得如鱼得水。现在信息技术如此发达，各种在线教育如此方便，即使进入社会，也有很多机会学习。

第十七节　孩子撒谎、少写作业还叛逆，怎么办

家长提问：

我儿子今年 12 岁，该上六年级了，但他只知道顶嘴撒谎，不知道写作业。四年级时，我管了一段时间，好了很多。最近娘家有事，我回去两个月，回来发现说什么他也不听了。一写作业就发愣，做小动作，我现在都不知道怎么办了。

云朵老师：

孩子已经长大，家长说得越多，孩子越烦，要放手让他自己去承担应该承担的责任。孩子已经 12 岁了，有能力管理自己的作业了，你可以认真地跟他谈谈，让他为自己的作业负责，而不是总当孩子的监工，这样孩子会一直觉得作业是给你做的，永远都无法发挥自己的内驱力。

朵朵上小学时，我从来都不管她的作业，都是她自己负责。有时候她也会偷懒不想写，被老师批评了再补上，慢慢地她自己就会调整了。

关于孩子顶嘴，那肯定是父母平时对孩子批评太多了，孩子内心对你有不满。哪里有压迫，哪里就有反抗。在跟孩子沟通的过程中，要看到孩子的优点，不能光盯着孩子的缺点。同时，要注意孩子的情绪，如果你的语气不好，总是带有指责的味道，让孩子不开心，孩子就会在情绪上产生对抗，就更不愿意听你的。孩子顶嘴，说明父母的沟通方式需要改进。

沟通是双向的，不要光是家长自己说，也要给孩子说话的机会，家长

能听得进去孩子的心声，孩子才会更愿意听你讲道理。

永远不要对孩子失望。孩子的未来有无限可能。正是孩子给我们出的这些难题，让我们不断反思、不断成长。养孩子的过程就是我们一路升级打怪的过程，那些看起来很优秀的孩子并不是什么问题都没有的。我女儿也给我出了很多难题，我也是从不断的磨炼中走过来的。

第十八节　如何对待孩子的学习成绩

家长提问：

我想让女儿学习成绩位于班级前几名，可是如何培养呢？

云朵老师：

可以把学生分为四种类型：

（1）聪明又努力的学生：一般成绩优秀。

（2）聪明不努力的学生：学习成绩中等偏上或者偏下。

（3）不聪明但努力的学生：学习成绩中等偏上或者偏下。

（4）不聪明也不努力的学生：一般学习成绩较差。

如果你的孩子既聪明又努力，就不要太多干涉孩子的学习，要给孩子一定的自由，允许孩子的成绩有波动，相信和鼓励孩子全面发展，对孩子的要求不要过分苛刻，要允许孩子犯错。这种孩子一般注意力比较集中、非常专注、接受新事物能力强、爱阅读、爱思考、爱归纳总结、思维敏捷、喜欢挑战自己，读书学习对他们而言，不是负担和任务，而是一种享受和乐趣。

　　如果你的孩子适应能力强、头脑非常灵活、非常聪明，就是不愿意努力，很可能是没有找到动力，没有梦想和目标，没有内驱力。可以带孩子游览名山大川，读人物传记，看名人访谈，多和优秀的人接触，帮助孩子找到自己崇拜的偶像，建立自己的梦想，鼓励孩子为自己的梦想奋斗。日常生活中，要多跟孩子探讨问题，训练他们的逻辑思维和归纳总结能力，鼓励孩子不断突破自我；可以鼓励孩子多和聪明又努力的孩子交朋友，但不要拿"别人家的孩子"多么优秀来教育他们。这类孩子有了内驱力和梦想后，会迸发出极大的积极性和动力，很有可能成为学霸。

　　如果你的孩子是"天资不怎么聪颖，无论怎么努力学习，成绩也达不到优秀"的学生，你就要放平心态，降低对孩子"成绩"的期待，给他们更多的爱和肯定。学校和社会是不同的检测体系，学校的成绩只能检测孩子的部分能力，并不能展示孩子的全部能力和品质。即使孩子成绩在班里排名倒数，也不要对孩子灰心绝望，更不要吝啬表达你对他的爱，要坚信孩子是动态变化的，鼓励孩子跟自己的过去比，尽自己最大的努力不断进步。要反复告诉孩子，无论你成绩怎么样，爸爸妈妈都爱你。同时，要不断在生活中发掘孩子的闪光点和特长，比如，会关心人、体育很好、动手能力很强，只要善于发现就会看到每个孩子都有自己的闪光点，都值得被肯定和鼓励。即使最终孩子没有考上很好的大学，在社会上学点本领，能够自食其力，并且遵纪守法，也不错。

　　记住，无论在学校时成绩好不好，多数孩子进入社会后，都要赚钱养家。因此，要和孩子一起树立一个目标，鼓励孩子不断发挥自己的潜力，同时也要接受孩子成为普通人的现实。

附 录

家长心声

云朵老师简直就是我的幸运女神，遇到她之后，我生活的方方面面都发生了变化。

从育儿方面来说，我本身就是一名早教老师，女儿各方面发展得也都不错，唯独不爱睡觉，让全家人很头疼。

我总担心她睡眠不好，会影响身体发育。

直到遇到云朵老师，听她讲了女儿朵朵的故事，我才逐渐改变了自己的思维方式，不再强迫孩子睡觉。

让我开心的是，运用云朵老师教我的方法，女儿如今基本到点就自己准备睡觉了，我也不用再为这件事发愁了。育儿这件事，跟着云朵老师学就对了。她确实是最落地的育儿专家！

——高高

从儿子 2 岁多开始，我就关注云朵老师，深受云朵老师育儿理念的影响。

儿子今年 16 岁了，从农村的小学，考上了济南三大名校之一的中学，在尖子生如云的班级，排前 10 名。

　　除了成绩优秀，他还爱阅读、爱思考，关心家人，德智体全面发展，是我们全家人的骄傲。

　　周围的家长都非常羡慕我，感恩云朵老师的帮助。教育好孩子，是一生最难做的事，而我轻轻松松做到了！

　　　　　　　　　　　　　　　　　　　　　　　　——香水雅媛

　　我是一个初二孩子的家长。我女儿跟云朵老师的女儿是同学。

　　2021年春节前我女儿学习成绩下降，不喜欢跟我沟通，我便开始跟云朵老师学习育儿思维，只用了2个多月的时间，女儿的成绩就从班级中等恢复到前十名，跟我的关系也越来越好。

　　都说青春期孩子容易叛逆，不好管理，其实是家长用错方法了。

　　　　　　　　　　　　　　　　　　　　　　　　——微笑的蓝天

　　我曾经是一位烦恼的家长，女儿初二进入青春叛逆期，我们和她沟通很困难。机缘巧合下，我遇到了云朵老师。请教老师后，老师教我"启动孩子内驱力"以及"换位思考"，让我受益匪浅。

　　我慢慢改变了自己的思维，改变了与孩子的交流方式，现在孩子很愿意和我聊天，成绩也从年级的180名进步到了前60名。马上就要考高中了，我还要继续跟云朵老师学习，帮助孩子度过人生中非常重要的阶段。

　　　　　　　　　　　　　　　　　　　　　　　　——琼

　　我是个幸运的妈妈，从大儿子出生开始，我就开始关注云朵老师，跟着云朵老师学习如何培养孩子的阅读习惯。

　　我大儿子不到1岁就开始睡前绘本阅读，开始是我和老公陪读，幼儿园中班开始基本可以独立阅读，幼儿园大班就完全独立睡前阅读。

现在上小学了，孩子每晚睡前不看书不睡觉，涉猎范围也很广，天文、科技、漫画、小说等。一年级的时候，他是班里识字最多的小孩，成绩也一直不错，语数英基本都满分。在育儿这条路上，我会跟着云朵老师坚定地走下去。

——慧盈

我是新手宝妈，宝宝马上 100 天了，我是孕期开始跟云朵老师联系的。

我一直想要顺产，但是医生说胎儿位置不好，必须剖宫产，这让我很焦虑。

云朵老师告诉我孕期应该如何做胎教，如何顺利顺产，结果我如愿顺产啦，而且产程超快！

宝宝刚出生时，因为是新手妈妈，太过焦虑，而宝宝哭闹，睡觉少，我很担心，只能刷视频，结果越看越焦虑，差点儿抑郁了。

云朵老师教我如何做，我现在不仅不焦虑，带娃也越来越轻松，娃也越来越配合。

育儿路上，有云朵老师指导，我非常安心，相信自己一定能将宝宝教育好！

——小雪

我曾经是一位情绪焦虑的妈妈，孩子上一年级时，看着其他孩子学习东西快、背得快，我儿子却一篇都背不上来，把我气得火冒三丈。

后来，我找云朵老师一对一聊天，老师教我多关注孩子的优势，每个孩子都不一样，不要攀比。

我一开始不理解，后来慢慢理解了，学会了去发现孩子的优点。

我的焦虑慢慢减少了，看到孩子的优点也越来越多，期中考试孩子还被学校评为"优秀学生"。

孩子的成长过程中会面临无数问题。跟着云朵老师，我学到的不仅是育儿方法，还有底层的育儿思维。

现在，我的育儿之路越来越轻松了。我还影响了其他家长，他们的亲子关系变好了，孩子也越来越优秀！

——绿森林

我家女宝今年 4 岁，孩子 3 岁时突然脾气很大。我开始跟云朵老师学习。一年后，不但解决了孩子的问题，更重要的是，缓解了我育儿过程中的焦虑。

通过改变思维方式，面对孩子成长过程中的"问题"，我更加淡定。对我来说育儿不再是"无头苍蝇乱撞"，反而成了越来越轻松、越来越享受的过程。

我和女儿都很幸运，在她那么小的时候，就能受益于云朵老师教育理念。感恩云朵老师！

——海平

去年新冠肺炎疫情期间在家上网课，孩子手里有了 iPad，开始沉迷于游戏，影响了学习成绩！

听了云朵老师的直播分享，看了公众号上她专门针对沉迷于游戏的文章，我受到很大启发。

按照云朵老师的方法，我发现孩子果然懂事了。

回家先完成作业，不到周末不玩游戏，周末游戏时间也有所克制。

刚开始我还需要提醒时间到了，该关机了，后来我不紧盯着他，他反而能很自觉地关机了。

孩子的学习成绩提高了，更加自信阳光了，也跟我们无话不谈了。

为了健康和体育成绩，孩子还在学习之余参加体育锻炼，玩游戏的注意力成功地被转移了。

用心去爱孩子，给孩子应有的尊重，育儿就成了一件愉快而有成就感的事情。

很感谢云朵老师为我们提供好的育儿理念！

——娟儿

我是一名教师，儿子刚进入青春期，非常叛逆，不愿意和我们交流，多说几句话就不耐烦，总被其他老师投诉，还说从没教过这么不听劝的学生。

学习云朵老师的育儿思维之后，儿子觉得我现在的思维和他同频了，有了想法也愿意和我交流，还主动要求去补课。

我将从云朵老师育儿思维里学习到的一些做法运用到教育工作中，这样做对那些懒散、厌学、违纪的学生，也取得了很好的效果。

学校的老师，更应该学习好的教育方法，这样无论是对教学工作，还是对孩子的成长，都十分有利。

——海风

一个偶然的机会我认识了云朵老师。跟她学习之后，她的育儿方法对我产生了巨大的影响。

　　我以前看孩子，总觉得她浑身上下都是毛病。后来，我改变了思维，用云朵老师教的方法，孩子的状态发生了很多可喜的变化，比如：孩子比以前更勇敢了。

　　有一天，孩子跟我说："我比以前勇敢多了，现在上课经常主动举手回答问题，上跆拳道也不怕实战了。"我好奇地问："你以前不像现在这样勇敢吗？"她回答说："是的，以前没有这么勇敢。"

　　另外，她的成绩提升很明显，数学成绩从80—90分稳定到95分以上，我没给她报任何课外班，只用了云朵老师教的育儿方法。

　　云朵老师就像一个宝藏，她有很多秘籍，靠近她，收获多多！

　　　　　　　　　　　　　　　　　　　　　　　　——英语培训陈老师

　　我是一名小学语文老师，深受云朵老师育儿思维的影响。

　　去年9月，我入职一所新学校。刚接手这个班时，很多老师都说这个班成绩最差！你随便教教就行，不要给自己太大压力。

　　受云朵老师影响，我刚进班就对学生说，咱们一定要当全区第一！

　　前2个月我用传统方法：上课使劲讲，学生的作业一个一个认真批改，把自己累得够呛，学生也没有积极性，我就批评他们，有时候气急了，还拿戒尺打他们手心。结果期中考试结果一出来，平均分不到82分，和隔壁班比差了一大截。

　　我把云朵老师的育儿理念用到班级教学中后，调整了孩子的学习方法，孩子学习的积极性大大提升，我也教得轻松愉悦！通过2个多月的实践，期末考试我班语文在全区（51个班）排名第8，与全区第7名差不到2分。

云朵老师育儿方法不仅针对家庭教育，而且可以用到学校教育中去，推荐广大教师学习！

——夏叶

一切的改变，都源于认识了云朵老师。

我的两个孩子都是高需求宝宝，按一般人的观念来说，就是非常"难养"，家人的不理解也让我非常焦虑，一度怀疑自己。

直到遇到云朵老师后，我的思维彻底转变了，养育孩子不再焦虑，面对生活中的方方面面，更加从容淡定。

我不再焦虑孩子晚睡的问题……

也不再纠结孩子是否记得洗脸刷牙……

也不怕别人说我孩子没有礼貌……

别人口中的缺点，在我眼中却是那么的可爱，都能引导成闪闪发光的"优势"。

当长辈的错误教育已经影响到孩子的身心健康时，敢于说"不"，坚定自己的信心，不再惧怕"权威"和外界质疑的目光。

儿子现在从"浑身缺点"到人见人爱。

女儿在幼儿园，被老师评价为"教过的学生中进步最快的孩子"。

这些都得益于云朵老师的育儿知识。一路的成长要感谢云朵老师！

——何

没有接触云朵老师前，由于孩子的教育问题，我也付费学过一些育儿知识，但收效甚微，母子关系越来越差。

认识云朵老师前，我看孩子哪都不顺眼，根本找不到孩子身上的一点儿优点。每天都为他的学习操心。

跟云朵老师学习后，我的思维有了改变，学会了放手。不再整天盯着他的缺点看，周末不再因为他的作业没完成而焦虑，并愿意接受孩子的平凡。

我不再操心后发现孩子居然进步了。最大的进步是学习自觉了。上周他的月考总分考了 624 分，语文考了 85 分，要知道上初中后他语文从没上过 80 分。

现在我们的母子关系也比以前好多了。

感恩遇到云朵老师！

——江

我从孩子一年级起关注云朵老师，跟云朵老师学习了很多育儿知识。

孩子二年级时，有一次没有拿到"三好"学生，我非常难受，对待孩子态度有所改变。知道自己这样做不对，我咨询了云朵老师，是她打开了我的心结，我重新接受了孩子的变化。

现在孩子不仅学习优异，各方面表现得都不错，很让人省心。孩子也非常要强，三年级时晋升为班长。

孩子都是天使，父母太多干预相当于剪断了孩子准备腾飞的翅膀，感恩遇到云朵老师，让我能陪伴孩子健康成长。

——妮妮